鮨寿司职人事典

日本柴田书店 编著

李祥睿 陈玉婷 梁晨 译

中国纺织出版社有限公司

以及女性顾客的增多则推动寿司饭团越变越小，厨师便必须具备更加精湛的手艺。

35位寿司匠人，或为大师，或为新锐，他们精心研制出的74种风格各异的寿司和160余种日料，尽数收录于本书。每家店、每个人，各有着不同的烹饪理念。康吉鳗鱼表皮的黏液是弃是留，煮章鱼时是否加入萝卜泥，这些微小的差异慢慢累积并相互作用，就会形成巨大的差别。

寿司店的品位取决于店里的海鲜类料理，为了做到物尽其用，厨师们花费了大量心血。这是所有厨师的灵感宝库，看过这些，你的创作灵感定会不断涌现。

本书以《月刊专门料理》2013年1月刊~2016年1月刊期间连载的《寿司匠人的寿司和菜肴》为基础，加以润色修正，并配以摄影照片，收录成册。

如今，有些店铺的制菜方法和顺序有所改变，因此我们以连载内容为基础，又添加几处修正部分，修订制成本书。

前　言

您或许会感到很意外，事实上，很难有菜品可以像寿司一样日新月异地不断变化。

以寿司的醋紧和腌渍方法为例，受益于物流的发展，如今我们不止满足于借此『保持』食材的新鲜，而更追求食材呈现最好的状态，给人们的味蕾带来享受。此外，随着捕鱼方法的进步，可供我们处理的鱼类品种也越来越多，一些新的烹饪方式也应运而生。『推荐菜品』的普及

第二章　寿司店的小菜

目录

摄影　合田昌弘
　　　天方晴子
　　　大山裕平
　　　东谷幸一
设计　荒川善正（hoop.）
取材·编辑　河合宽子
编辑　淀野晃一（连载编辑）
　　　丸田　祐

第一章 寿司食材的处理

❖

红肉鱼的处理

渍金枪鱼腩

岩 央泰（銀座 いわ①）

日语中"腌鱼肉"一词来源于动词"腌渍"，指用以酱油为主体的调味料腌制而成的金枪鱼肉。江户时代没有冷藏设备，人们便想出了这种办法以延长食物保存时间。原本这种手法只用来处理金枪鱼赤身，但现在也用于处理金枪鱼的鱼腩和其他白肉鱼。

这是一大块蓝鳍金枪鱼大腩。金枪鱼腹部的脂肪最多，照片中的是最靠近腹部的部分。因其呈现出条纹状的油脂纹理而得名"蛇腹"。岩 央泰的厨师还会将金枪鱼的中腹切成鱼册（指切成方正的一块鱼肉，日语中称为册。译者注）后腌渍入味。

◆ 制作酱汁

这是用于腌渍金枪鱼腩的酱汁。将酱油、酒、味淋和糖放入锅中煮沸，冷却后即可使用。调料的配比会随着菜品设计和腌制时间而变化。

◆ 将金枪鱼腩烫出霜花

氽水是为了使鱼腩表面凝固，并去除适量的油脂。沸腾的水中放入鱼腩，加热5秒，鱼肉的表面会凝固变白（上图）。迅速将鱼肉放入冰水中（下图），冷却浸泡30秒。

---

① 此处为店铺名，为便于检索未做翻译，余同——出版者注。

将切成册的金枪鱼腩烫出霜花，用酱汁腌渍

　　如今的"腌鱼肉"主要分为两种：一种是长时间腌渍出的较大块的鱼册；另一种是只腌渍过几分钟的小块鱼肉，份量只可用来制作一贯寿司。前者是用腌制的方法以便于保存，也是江户前传统做法，后者则产生于鱼肉可冷藏保鲜之后，是新出现的做法。

　　本店在腌制金枪鱼赤身时，两种做法都会使用。而对于金枪鱼腩，我们只会用第一种方法来处理。鱼腩的油脂很多，无法很快吸收酱汁，所以仅将小块鱼肉在短时间内腌渍的话，是没法入味的。而现代腌制方法的目的不仅在于保持鱼肉的新鲜度，还得要让酱油和酒的鲜味浸入鱼肉中。

　　腌制时，首先将一册鱼肉浸入热水中，使其表面呈现霜花状，这是比较传统的做法。这样做原本是为了防止鱼肉变酸。现在这一目的已逐渐弱化，更多的是为了除去鱼腩中的多余油脂，让酱油能逐渐渗透进鱼肉中。

　　鱼肉表面烫出霜花之后，便开始用酱油浸渍。江户时代是用生酱油腌渍，但现在一般是在酱油中加入酒等调料后，加热将酒精蒸发，制成"煮制酱油"之后再腌制。这样腌出来的鱼肉味道细腻温和。在本店特制的酱汁中，除了使用酒之外，还要加入味淋和砂糖，用水稀释，根据菜品要求的不同，调整调料的配比及腌渍时长。

　　最短的腌渍时间是 4~5 小时，可供当天食用，鱼肉的口感应当是甜度低、水分少、酱油味道浓。若长时间腌渍 1~2 天，就要增强鱼肉的甜味，多加水，稀释酱油的味道。购入的鱼腩要何时使用，应该做出何种味道，这些想法都会影响厨师的料理方式。

　　这是用数小时做出的金枪鱼腩肉。酱汁渗透至鱼肉内部。"蛇腹"部位的金枪鱼腩肉适合做下酒菜，霜花状的大腹不易变形，则适合做寿司。

◆ 用酱汁腌渍

　　用厨房纸擦拭鱼肉表面（上图），浸泡在酱汁中（下图）。若是当天使用，则在常温环境下腌 4~5 小时；若是第 2 天或第 3 天使用，则用较淡的酱汁中腌制，放入冰箱保存。若过早将金枪鱼肉从酱汁中取出，放置一段时间后肉质会变硬，所以需要一直保持腌制状态直至使用。

渍金枪鱼大腹

厨川浩一（鮨 くりや川）

金枪鱼大腹凝练着浓郁的香味，其油脂的香甜令人神魂颠倒。从蓝鳍金枪鱼身上割下的大腹，经过 10 天的熟成后，用煮制酱油腌渍，制成腌鱼肉。虽有较多油脂，但肉质紧致，风味极佳，无比美味。

大腹肉取自金枪鱼腹部油脂最最多的部位。这是一块产自日本青森县尻劳的蓝鳍金枪鱼大腹肉，已经过10天熟成。几十千克重的蓝鳍金枪鱼熟成后，将大腹肉与赤身、中腹分离开，再分别切成鱼册。

◆ 待大腹肉熟成后，切成1册鱼肉

到手的大腹肉已经熟成到了一定阶段，因此我们无法给出确切的熟成时间，只能根据表面颜色及其柔软成度来判断，这一次我们是花了10天左右的时间。将其切成1册，再小心去掉变黑的部分。

◆ 烫出霜花

沸水中放入大腹，过3~4秒，待其表面略显白色后捞出（如右图），迅速放入冰水中（如左上图），浸泡30秒以去除余热，再用干布包裹鱼肉，擦干水分（如左下图）。"焯水后肉质会收紧，粗糙表面更易使酱油入味。"厨川浩一师傅说道。

熟成后整块腌制

　　"腌鱼肉"发源于没有冷藏设备的江户时代。金枪鱼肉容易腐坏，人们便用酱油腌渍，以储存保鲜，后来这种方法便逐渐流传开来。据说那时人们喜食赤身，会把油脂较多的腹部丢弃，然而如今各种部位的金枪鱼腌鱼肉都可作为寿司材料使用。我也会根据金枪鱼的熟成程度、套餐的搭配和客人的喜好来腌制不同部位的鱼肉。

　　金枪鱼一定要"味浓香醇"。以此为判断标准，除了产自青森县尻劳的金枪鱼外，我也会购入从北海道喷火湾等地用固定渔网捕获的金枪鱼。在分辨肉质时，更重要的是鱼肉的颜色，而非油脂含量，粉红色的大腹要比白花花的大腹味道更加浓郁，也更加美味。

　　当把重几十千克的金枪鱼肉运到店里后，要迅速用厨房纸包裹，放入塑料袋，再放入泡沫箱中冰镇起来。使其在完整状态下低温熟成，并判断最佳食用时间。

　　通常有两种腌渍金枪鱼的方法。一种以鱼肉册为单位长时间腌渍，另一种是切成制作一贯寿司的大小后腌渍几分钟，我一般选择前者。为了尽可能地释放金枪鱼的美味，腌渍脂肪多、不易入味的大腹时，我会花大约1小时，赤身则只需要30分钟。虽说腌渍大腹的成品率很低，但耗费心血制出的美味，更别具一格。

　　大腹熟成后味道更佳，烫出霜花的大腹更是香甜美味，脂肪入口即化。腌渍过的鱼肉段要至少提前30分钟取出，静置在常温中，之后才能用于寿司制作，这与其他材料是一样的。

◆ 腌制完成

这是腌制完成的金枪鱼大腹（上图）。颜色变浓，肉质变紧。用厨房纸仔细擦干水分（下图），用木箱装好，放入冰箱冷藏，直至使用。为了便于脂肪融化，呈现出更好的口感，需要在使用前30分钟从冰箱中拿出，使其恢复至常温。切开握成寿司后，鱼肉上再刷一遍煮制酱油，即可提供给客人。

◆ 加入煮制酱油腌渍

容器中倒入煮制酱油，至浸过大腹1/3（上图），裹满鱼肉表面后常温静置30分钟，之后翻面（下图），再腌制30分钟。共约1小时，酱油的香甜就会浸入鱼肉中。脂肪含量越高，酱油越不易入味，因此需要根据肉质调整腌渍时间。这款煮制酱油是以产自能登的浓口生酱油为底料，加入酒、味淋、昆布和鲣鱼花后煮成的（参考175页）。

红酒渍金枪鱼赤身

杉山 卫（銀座 寿司幸本店）

　　金枪鱼赤身是用于腌制的传统食材，"銀座寿司幸本店"独创了在煮制酱油中加入红酒的做法，赋予了赤身令人垂涎欲滴的风味。

蓝鳍金枪鱼的赤身。「腌鱼肉」通常是用金枪鱼赤身做成。「銀座寿司幸本店」还会将红酒腌制的方法用于脂肪丰富的鰤鱼、拟鲹和鲷鱼。

◆ 淋上煮制酱油

切好的赤身倒上煮制酱油。这是将浓口酱油、白酱油、酒及味淋勾兑后，煮发掉其酒精成分制成的，可以抑制金枪鱼肉的咸味，使其口感更柔和。

◆ 赤身切成1贯大小

以前人们为了保持金枪鱼的新鲜，会将其用酱油长时间浸渍。但现在越来越多的日料店为了便于调味，会将金枪鱼切成1贯（指制作1个寿司的份量）份量后腌制。图为从一册金枪鱼肉上切下可做一贯寿司的鱼肉。

与红酒完美融合的金枪鱼寿司

红酒渍金枪鱼肉，即在煮制酱油中加入红酒，再用来腌制金枪鱼赤身。这是我20多年前继承这家店时推出的菜品。

我自己很喜欢喝红酒，而且总有客人希望可以将寿司与红酒搭配品尝，因此我开始研究将红酒融合进菜单中（现在约有100种菜品）。当时，有一位客人点了红酒，并在金枪鱼寿司上倒了一点，结果寿司变得更加美味，我就想到了这个做法。

人们原本会在腌渍金枪鱼的煮制酱油中加入日本酒，以降低酱油的咸度，更加利于保存。红酒里也含有酒精，而且红酒的香甜和浓度更适合与酱油搭配。我会用客人饮用的同种红酒来做红酒渍金枪鱼。不同品牌的红酒入口风味不同，所以我会坚持使用同品牌的红酒。顺便说一下，白葡萄酒和烧酒与金枪鱼赤身的味道相克，不能使用。

这种红酒渍金枪鱼不是整块腌渍，而是切成一贯份的小块后腌制。现在人们不再为鱼类保鲜而困扰，所以即使在开始制作手握寿司前腌制也可以使材料的味道达到最佳。

通常来说，红酒腌渍金枪鱼的时间也是4~5分钟，但不同金枪鱼、不同部位的赤身油脂含量不同，因此可以根据肉质将时间增减1~2分钟。油脂多的部分红酒不易渗透，需要延长时间；油脂少的部分易渗透，可以缩短时间。这些微小的差别也决定着金枪鱼的味道。

白肉鱼的处理

青光鱼的处理

虾、虾蛄、蟹的处理

乌贼、章鱼的处理

贝类的处理

其他处理方法

◆ 淋上红酒

继续淋上红酒（上图）。食用寿司的客人在喝红酒，我便用同一瓶红酒来腌渍赤身，倒入部分红酒，裹满鱼肉的正反两面后，静置5分钟（左图）。用布擦干水分后握成寿司。

金枪鱼背肉

佐藤博之（はっこく）

　　根据脂肪含量的不同，我们将金枪鱼肉分为"大腹、中腹、赤身"。在中腹的分布范围内，有一部分被称为"背肉"，少量分布在金枪鱼背鳍两侧，肉质很薄。这一部分深受厨师佐藤博之的喜爱，称为"最迷人的中腹"。

背肉在金枪鱼背鳍下方，横跨鱼背两侧。图中是一条鱼背肉，其左下部分的浅色三角状即为背肉。三角形的左下顶点连接着金枪鱼背鳍的根部。

◆ 将金枪鱼背肉切成册

沿着背肉的边缘线下刀，切成一册。向斜右下方切入即可得到完整的背肉，但图中展示的是竖直切开金枪鱼肉的方法（上图）。这是一块肉质均匀的中腹（下图）。

◆ 去筋

原本带有鱼皮的鱼肉一侧（切分鱼肉时位于下方的一侧）会分布着一些坚韧的鱼筋，我们要将其轻轻削掉。

金枪鱼背肉

白肉鱼的处理

青光鱼的处理

虾、虾蛄、蟹的处理

乌贼、章鱼的处理

贝类的处理

其他处理方法

纹理细腻且柔软的金枪鱼背肉

虽说金枪鱼中腹的肉质介于刺身和大腹之间，但分布在赤身、鱼皮以及大腹周围的鱼肉，各自的脂肪含量和纤维柔韧度都互不相同。

因此，在使用金枪鱼中腹制作寿司时，在一块鱼肉里，一般会均等地使之拥有靠近赤身的、铁分含量较高的中腹部分和油脂较多、较为典型的中腹部分。也就是说，一贯寿司里可以"从赤身看到中腹"，这样便可展现色彩和味觉上的层次渐变，使客人享受到两种不同的味道。

但是，我们这次使用的"金枪鱼背肉"别有特点。这块中腹离赤身较远，位于背鳍正下方，油脂分布很均匀。细腻的肉质带来黏稠的口感，富有层次感，堪称"中腹中的极品"。柔和的口感仿佛与寿司饭融为一体、厚切也是入口即化，是可以细细品尝的绝顶中腹。

金枪鱼越大，越会散发出浓郁的味道，有一些方法可以让这种味道变得柔和。本店会挑选个头较小、肉质柔软、香气浓郁的金枪鱼。用固定网在近海区捕获的金枪鱼味道鲜美，是我的最爱。

此外，金枪鱼的味道会随着季节变化。冬天的金枪鱼味道浓厚，夏天则很清爽……我们会在不同的季节选择优质的金枪鱼供客人享用。

◆ 切成寿司食材

将鱼册切成制作寿司大小的片状（右图）。这部分的肉质很柔软，因此可以切得稍厚一些（左图）。

◆ 切出刀花

厚切时，要竖着切出几道刀花，便可入口即化，口感更饱满。

稻草烤金枪鱼幼鱼

小宫健一（おすもじ處 うを徳）

金枪鱼之王——蓝鳍金枪鱼，其幼鱼极为珍贵。关东地区叫它"小金枪鱼"，关西地区叫它"金枪鱼幼鱼"。在本店，金枪鱼幼鱼和成鱼都属于常备食材。幼鱼经稻草烧烤之后，稍加腌渍即可做成寿司。

市场上的贩售的蓝鳍金枪鱼幼鱼重量多为20～30千克。如图所示，人们会将一条金枪鱼幼鱼剖为四份售卖，小宫健一厨师会采购背部的鱼肉。

◆ 制成肉串，用稻草烧烤

用铁钎子把切好的鱼肉串起来，形状如纸扇（上图）。将稻草放入炒锅内点燃，火焰燃起后烧烤鱼肉串，适时翻面，烤1分半钟左右使鱼肉成熟均匀（右图）。

◆ 将金枪鱼幼鱼切成块

将1块鱼肉切成3～4等份。图片展示的是切下左端血合肉的场景。血合肉用大蒜酱油腌渍后，制成煎鱼排或风干鱼肉，可当下酒菜。

稻草烤金枪鱼幼鱼

白肉鱼的处理

青光鱼的处理

虾、虾蛄、蟹的处理

乌贼、章鱼的处理

贝类的处理

其他处理方法

烧烤完成后，趁热腌渍

本店以前只提供金枪鱼成鱼制成的菜品，一次偶然的机会，我在筑地市场发现了一块金枪鱼幼鱼肉，看起来很好吃，我便买回来尝试制作。幼鱼的香味很清爽，味道很清淡，拥有着截然不同于成鱼的魅力，如今是我不可或缺的寿司食材。

金枪鱼幼鱼和成鱼一样，其鱼肉分为赤身、大腹、中腹等，但本店研究的是背部鱼肉的做法（以赤身和中腹为主），这个部位的鱼肉味道清爽，极具特色。为了最大限度地体现幼鱼的可口之处，最好做成刺身生吃。握成寿司后其味道会被米饭影响，无法发挥出全部的风味。

因此，稍加烧烤之后腌制起来，可以增添鱼肉的香气与味道，使鱼肉和醋饭的口味达到平衡，从而得到更美味的寿司。入口时首先感受到稻草烧烤的香味及腌渍酱料的味道，之后会品尝到金枪鱼幼鱼的原味。

说到用稻草烤鱼的做法，鲣鱼是很有代表性的，一般会通过烧烤的方式使鱼皮变软变香。但购入时的幼鱼还没有鱼皮，并且我只想让鱼肉稍稍散发出香气，这时候，就要切成边长20厘米的块状鱼肉后，小火短时间烧烤即可。

此外，在烧烤大块的鱼肉时，仅有少量的余热会进入鱼肉内部，因此可以在烧烤后，无须迅速冷却，置于常温环境下即可。趁鱼肉有余温时，立刻腌渍，接着握成寿司，发挥出金枪鱼幼鱼的美味。

应该在客人到店之后再烧烤，当面将鱼肉趁热握成寿司，这样可以营造出一种临场感，给客人留下深刻的印象。

◆ 切开腌渍

趁鱼肉温热时切开，可以看到切开的鱼肉边缘有轻微烟熏过的痕迹（上图）。切片后，用加入大蒜的调制酱油（3种酱油加上鲣鱼高汤和味淋）腌渍3分钟，制成手握寿司。

◆ 稍微冷却

将鱼肉放置在托盘上，稍微冷却，不要用凉水浸泡。"鱼肉很厚，烧烤的时间也较短，让余热慢慢进入肉中，这样熟度正好。"小宫健一厨师说道。

火炙鲣鱼

中村将宜（鮨 なかむら）

秋季至初冬时节，鲣鱼会从北方南下，途中储存大量脂肪，人们称为"回游鲣鱼"。春至初夏期间，鲣鱼从南向北游去，这种"上溯鲣鱼"的脂肪较少且肉质紧实，口感清爽。这边我们以"回游鲣鱼"为例，讲解火炙鲣鱼的做法。

将清晨购入的鲣鱼卸分成3份（日语中称为「三枚おろし」，是一种解体鱼的手法。具体做法为，将一条鱼横放案板上，平刀片成上片，下片3个部分。若是卸分成5块，则再将上下片纵向各自分为2份，一份为腹肉，一份为背肉。译者注）。采购的货源来自可靠的批发商，图中的鲣鱼产自长崎县对马地区，但我平时多会选择产自宫城县气仙沼的鲣鱼。鱼肚皮纹路清晰、鱼眼清澈等特征是鲣鱼新鲜的标志。

◆ 清理鲣鱼

鱼卸为3份后，切掉靠近头部的三角状的鱼肉，剔除血合肉，削去腹部的鱼骨。之后，将鲣鱼腹部的肉修平整。连接着鱼皮的白色部分是脂肪，中村将宜厨师说道，"全身鱼肉都是红色的，且油脂含量高的鲣鱼会更加味浓鲜美"。

◆ 淋酒

鱼皮和鱼肉之间插入铁钎子。在鱼皮上淋少量的酒，以促进褐化反应，让鲣鱼在烧烤时散发香气，同时也能冲掉盐分。操作时让鲣鱼稍微倾斜，让酒顺势流下。

◆ 抹盐

鱼皮上抹20克盐，在常温条件下静置20分钟左右。这一步的目的是除去鲣鱼的水分和涩腥味，使鱼肉的味道更加浓缩，用厨房纸巾包裹鱼肉，吸去水分，冲净盐分。

熏炙鲣鱼，火力入皮不入肉

在江户时代，鲣鱼、尤其是初春的鲣鱼大受人们喜爱。但当时还没有鲣鱼寿司，昭和之后才出现鲣鱼寿司供人们品尝。

食用鲣鱼的最好时节是春至初夏、秋至初冬。我最喜欢回游鲣鱼。它的口感细腻、味道浓厚、并有淡淡的甜味，因此我只在秋天至初冬季节才会进货。鲣鱼不易保鲜且易变黑，所以一定要在一天内用完。

我通常会把鲣鱼制成下酒菜。但无论是做成下酒菜，还是做成寿司，鲣鱼都要经火炙烤，使鱼皮变得更加柔软，并掩盖鲣鱼特有的腥味。

炙烤过后的鲣鱼的味道浓重，会长久留在口中，因此做成下酒菜时，要在六道菜套餐吃过一半后，再提供给客人。做成寿司时，要刷上一层煮制酱油，配上生姜泥，再提供给客人。鲣鱼肉口感黏滑香甜，加上独特的熏香和生姜的辛辣味的点缀后，更为美味。

在熏烤鲣鱼时，如何让烟气散发出来，以及应该加热多长时间，我曾试验多次，也失败过多次，最后终于找到正确的方法，可以在保持鱼肉口感的同时，让鱼肉变香。

一般来说，人们会直接烧烤鱼肉，让散发出的烟气熏香鱼肉。但是我会将熏香和烧烤分为两步，先不点燃稻草，将稻草盖在炭火上，让升起的烟气熏烤鱼肉，再点燃稻草，直接烧烤鱼肉表面。如果一边烧烤一边熏制鱼肉的话，很难掌握火候，鱼肉会受热过度，所以我要将熏香和烧烤分为两步。

◆ 将鱼肉切片，制作刀花

将鲣鱼切成1厘米厚的片，在鱼肉一侧切出几道细细的刀花，之后握成寿司。将有刀花的一侧鱼肉朝上，这样在入口时，客人便能瞬时感受到鲣鱼的美味。

◆ 先烟熏，再烧烤

在炭火上铺满稻草。烟气升起时，烟熏鲣鱼两面（上图）。接着点燃稻草，烧烤鱼皮表面。从坚硬的鲣鱼尾部开始，之后慢慢调整位置，烤至鱼皮全部上色（下右图）。烧烤近一分钟后翻面，略加热另一侧的鱼肉（下左图）后，从火上拿开。鱼肉不要烤熟，只需稍稍加热即可。因为放置时间越久，鱼肉中的水分越多，香气会减弱，所以请在熏烤后直接提供给客人。

四鳍旗鱼腹肉

油井隆一（毛寿司）

四鳍旗鱼曾是寿司中的代表性食材，如今则很少能在寿司店中见到了。原因似乎有很多，捕获量的减少，金枪鱼人气的飙升，手艺无人继承等。"毛寿司"则保持传统，自开业以来，一直在制作四鳍旗鱼寿司。

"毛寿司"使用的是四鳍旗鱼的腹部（右图）。这个位置相当于金枪鱼的大腹，是鱼身体中脂肪最多的部位。左图是四鳍旗鱼的鱼鳞，其顶端尖锐，硬如骨头，需要去除干净。

◆ 剥去四鳍旗鱼内脏膜

在腹部肉内侧有一层包裹着内脏的膜，用菜刀从开口处切开并剥去（右图）。将腹部肉的边角切下（左图）。这个部位的鱼肉很柔软、蛇腹部分更是容易散落，因此要注意平稳地使用菜刀，完整切下鱼肉。照片上展示的鱼肉大小，大约是1/8块从胸鳍到腹鳍之间的腹部肉。

挑选多油脂、口感甘甜顺滑的腹肉

四鳍旗鱼虽在寿司食材中被划分为"赤身"，但鱼肉看起来像鲑鱼，隐约透着橙黄色。四鳍旗鱼肉富含油脂，触感柔软顺滑。其脂肪甘甜，口感地道，易于接受。听说以前四鳍旗鱼比金枪鱼更受食客们的青睐。顺便说一句，四鳍旗鱼与剑鱼不是同一种鱼。

四鳍旗鱼的最佳食用季节是晚秋至樱花败落时。只是最近捕鱼量受限，饭店也多用四鳍旗鱼做菜，寿司店不太容易进货。本店全年制作四鳍旗鱼寿司，因此一直可以进到货，所以与批发商建立良好关系也是极其重要的。

四鳍旗鱼背鳍下面两侧有"背肉"，是肉质最好的部分，适合做寿司食材。但本店只使用腹部的大腹肉。这个部位的肉多油脂，能够体现出四鳍旗鱼的特点。我会购入一整尾鱼量的腹肉，但选作寿司食材的只有新鲜度、脂肪含量、颜色都为上乘的鱼肉。

在本店，会把新鲜的鱼肉用三种纸包起来，包入塑料袋后冰镇，静置2~3天后使用，这样可以使油脂遍布在鱼肉中，使肉质更加柔软。

除去鱼肉内侧的内脏膜和外侧的鱼皮后切成册，这一步很考验技术。这一部分鱼肉不仅肉质柔软，而且蛇腹状肌肉也分布其中，在撕扯、切开鱼皮时，鱼皮附近的鱼肉很容易变形或碎掉。要通过不断的积累经验，才能掌握正确的切入角度、切割方法和速度。

◆ 切鱼成册，剥下鱼皮

我们将鱼肉切成册，但不将鱼皮切断。这次我们把它切成同等大小的2份（右图）。接下来，分别将2册鱼肉的鱼皮剥下来（左图），这样做更容易保持鱼肉的完整。之后将其切成寿司大小时，肌肉部分也很容易破碎，所以要沿着肌肉的方向垂直切下。

渍四鳍旗鱼

桥本孝志（鮨 一新）

本店的桥本孝志厨师会用四鳍旗鱼背肉的赤身制作寿司。起初是在十年前，他借鉴了江户前的传统寿司食材处理手法。将鱼肉切块后腌渍一晚，让客人品尝到静置一天的传统腌鱼肉。

本店使用四鳍旗鱼背部中央的赤身作为食材，鱼肉呈现着漂亮的朱红色。四鳍旗鱼的最美味部分位于背鳍正下方（图中鱼肉的左半部分），油脂丰富。

◆ 将鱼肉切成册

将上图的鱼肉竖着切成册。这块四鳍旗鱼肉可以切成6册。为方便处理，再将每块鱼肉切成一半长度，即可开始制作。

◆ 烫出霜花

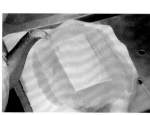

用厨房纸包裹切好的鱼肉后浇上热水（上图），使表面发硬（下图）。另一面也按同样方法处理。之后迅速放入冰水中，防止余热进入肉中。未经冲烫的鱼肉会吸收过多酱汁，肉质变得黏腻紧实，不易切开。

渍四鳍旗鱼

白肉鱼的处理

青光鱼的处理

虾、虾蛄、蟹的处理

乌贼、章鱼的处理

贝类的处理

其他处理方法

在腌料中加入金枪鱼片的高级风味

我年轻时没能感受到四鳍旗鱼的美味，但从我开始使用四鳍旗鱼之后，我就领略到它的魅力，现在它已经成为我的寿司店中不可或缺的食材。

与金枪鱼相同，四鳍旗鱼的最佳食用季节也是冬天。但由于从三陆冲到和歌山的各地，都是筑地市场的长期进货地区，因此总是可以拿到新鲜的四鳍旗鱼。如同一竿钓金枪鱼（一竿钓：用一条钓鱼竿钓一条鱼的捕鱼法，区别于一根主索上附有数根分索和鱼钩的捕鱼法），用"叉鱼法"捕获的四鳍旗鱼最佳，这种捕鱼方法曾经锐减，但近年来又呈现出恢复之势，只要筑地市场有这种鱼，我就一定会买。

四鳍旗鱼的优点在于甘甜醇厚。虽不如金枪鱼香，但若论味道之醇厚，四鳍旗鱼是当之无愧的胜者。

本店使用的是背部中央脂肪含量较高的赤身，无论味道还是口感，都是一流的。新鲜生鱼自然也可握成寿司，但将其制成传统的腌渍鱼肉后，酱油的味道完全渗入，鱼肉的味道也更加成熟稳重，与醋饭能完美融合。因此本店都要对四鳍旗鱼进行腌渍处理。

腌渍的方法与金枪鱼赤身相同。将鱼肉切册之后，通过冲烫使表面凝固发硬，在煮制酱油中浸渍一晚后取出，静置一日，即可作为寿司食材使用。

煮制酱油的成分有：等量的酒和酱油加上一成味淋，本店特色是煮制酱油中会加入金枪鱼木鱼花。这种配方我摸索了很长时间。之前曾想过在煮制酱油中加入鲣鱼花，但味道总是过重。最后我想到了肉质细腻、散发着高级香甜味的金枪鱼木鱼花，果然实现了完美搭配。

顺便说一句，我会重复使用同一份煮制酱油为四鳍旗鱼添加风味。每用过几次之后就开火加热，并且再加调料，为其调味。

图右为腌渍后的四鳍旗鱼。用纸包裹住放入容器内，置于冰箱中入味。左边为在冰箱中放置一天的鱼肉。

◆ 用煮制酱油腌渍

将鱼肉放入有金枪鱼木鱼花的煮制酱油中，浸满10小时，中途翻一次面。油脂较多的情况下可延长时间。煮制酱油每使用3~4次需重新加热，除去浮沫，并加入调料调节味道。

❖

白肉鱼的处理

活宰牙鲆鱼

山口尚亨（すし処 めくみ）

　　"活宰"是一种用来长时间保持鱼类新鲜度的手法，多是由渔民和批发商负责，而用于制作刺身和寿司的鱼，在出水后必须经过这一步处理。接下来，山口尚亨厨师将亲自为大家示范如何活宰牙鲆鱼。

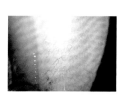

购入重量为1.2~1.6千克的牙鲆鱼。牙鲆鱼的新鲜度可以从其背面的毛细血管进行判断（左图）。鱼的血管越多、越透明，说明在捕捞后受到损伤越小，并且鱼吸入了一些氧气，就会越新鲜。

◆ 活宰牙鲆鱼

牢牢按住牙鲆鱼，防止其蹦跳。将刀尖插入胸鳍根部，一口气卸下鱼背肉，之后切断含有脊髓的脊骨和动脉。切下尾鳍，并斩断尾部的脊骨和动脉，这样可以使放血进行的更加彻底。

◆ 放血、破坏神经

冲洗鱼胸鳍切口处，使鱼血尽快流出（上图）。血流尽后，将铁丝插入脊骨中心的孔中（中图），反复清理以破坏脊髓。下方的图演示了铁丝插入的位置。之后将所有的鱼鳍切下，去除鱼鳞、内脏和鱼头。鱼的腹腔要使用牙刷等工具小心清洗，除净血污。

经过 2 天，白肉鱼的美味和口感达到巅峰

本店会将买来的鱼和乌贼活宰。宰杀之后的处理，以及放入冰箱熟成等工序都是一气呵成，我认为这样才可以更好发挥活宰的效果，更持久地保鲜。

活宰的一连串工序包括：切断活鱼脊骨、放血、破坏脊髓（破坏神经）。血液中容易繁殖细菌，导致发臭，因此放血必须是第一步。之后便要破坏脊骨的脊髓、延缓肌肉中重要成分的自然消耗、尽量减慢鱼肉变硬的速度，使其肉质长时间保持柔软。

市场上的活宰一般就到这步为止。但本店还会接着除去鱼鳞和内脏、用水清洗、用盐水浸泡以除去多余水分。在这个过程中，温度和盐水的浓度都是细心调配过，所有的工序也是一气呵成，确保放进冰箱的鱼肉都可以保鲜。

活宰后的牙鲆鱼，鲜味物质在其体内累聚，要经过 6~8 小时才能达到最佳食用时间，所以我们上午宰杀，晚上营业时提供给客人。只有体型较大、脂肪较多的云纹石斑鱼和双棘石斑鱼、鲕鱼、金枪鱼以及黄带拟鲹鱼等需要多日熟成，一般的白肉鱼都是完全死亡僵直后鲜味便不会再提升，所以在宰杀后两日，牙鲆鱼味道和口感便会达到巅峰。

此外，为了保住牙鲆鱼的水分，防止其味道受损，我会用盐水进行脱水，而不会直接撒盐或者使用脱水巾。我认为，只有保持鱼肉的水分，才能发挥生鱼片的美味之处。

◆ 放干脊骨里的血

将铁丝从尾鳍一侧的脊骨切开处插入脊骨中，反复清理后，用嘴向脊骨内吹气，以除净残留的鱼血。鱼血会渗入腹腔内，因此要用水清洗干净。

◆ 静置

支撑起鱼肉的中心部位时，两侧鱼肉呈现垂下状态，可以证明其肉质柔软，新鲜度完好。拭去水分，为了不使鱼皮过干，用防水纸和塑料袋包裹鱼肉，再放入泡沫箱中。泡沫箱起到一定保温作用，防止温度过低。将冰箱温度调至5~8℃，静置6~8小时。

◆ 用盐水浸泡

将鱼肉放入15℃左右的盐水（盐分浓度1.8%左右）中，浸泡约2分钟，这样可以去除洗鱼时进入鱼肉的水分。浸泡时间不能超过2分钟，否则鱼肉会脱水过度。之后快速用水清洗鱼肉，除去盐分。盐水中的盐分含量需要用浓度计精准测量。

真鲷的处理

近藤刚史（鮓 きずな）

鲷鱼是白肉鱼的代表，在日本各地都可捕捞到，其中最受人们欢迎的是捕捞自濑户内海明石海峡一带的"明石鲷"。从学徒时期开始，近藤刚史先生就在当地学习处理明石鲷的方法，开店后也研发出了"明石鲷"的多种做法，将其作为招牌菜，推荐给客人。

这是从明石海峡中心明石浦捕获的鲷鱼。这两条鲷鱼身上挂着『明石鲷』的标签。上面那条重1.5千克，下面那条重1千克多，近藤刚史厨师以1.1千克为界限划分鲷鱼，给出不同的处理方法。

◆ 将鲷鱼剖成两半

将鲷鱼去头，剖成两半。活宰当日，将没有脊骨的半块鱼肉做成刺身提供给客人，将剩下的半块带有脊骨的鱼肉静置1天后做成寿司。

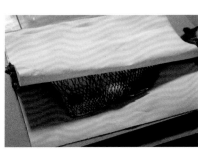

◆ 静置一晚

选择透水性好的鱼类专用包装纸，置于无鱼皮的一侧下面；选择不易干燥的普通厨房纸巾，盖在有鱼皮的一侧上面。接着用报纸包裹住整块鱼肉，放入泡沫箱中后，置于4℃的冰箱中，保持鱼肉温度为5℃，静置1天。

活宰当日做成刺身，静置一天后做成寿司

优质天然真鲷的油脂不会过多，有适量的油脂、醇厚度和甜度，有足够的香气。"明石鲷"具备上述品质，并且港口的保鲜运输及活宰技术广受好评，也正多亏了这项技艺不断传承，我才能做出上等的鲷鱼寿司。我在关西地区经营寿司店，所以很想在鲷鱼这一寿司食材上多下功夫。

为了发挥出鲷鱼的美味，本店研发了鲷鱼的多种处理方法：刺身、带鱼皮寿司、无鱼皮寿司，有时也根据肉质将两块肉一起腌渍。

在开门营业前8小时要完成鲷鱼活宰，处理好的鱼被送进店内后，我们会立即将其剖为两半。没有脊骨的一半会在当天做成鲷鱼刺身，有鱼骨的一半则静置一天，做成手握寿司。

鲜活鱼肉制成的刺身口感会更好，手握寿司则需要时间提鲜，同时也使口感变略显黏滑，可以更好地与醋饭融合。最近有很多方法是花费长时间使鱼肉熟成，但我想要的是"有口感的熟成"，因此鲷鱼和其他多数鱼我只会静置一天。

另一方面，鱼身的大小决定鱼皮的处理方法。小鲷鱼的鱼皮柔软，可以做成带鱼皮寿司；大鲷鱼在成长过程中鱼皮会变硬，要剥除鱼皮后做成寿司。鲷鱼大小的衡量标准是是否大于1.1千克。

带鱼皮寿司食用时，可以品尝到鱼皮内侧脂肪的美味及弹力十足的鱼皮。无鱼皮寿司仅在上菜前稍稍用盐腌渍，因此可以感受到其浓缩的香味和紧实的口感，魅力十足。也只有上等鲷鱼才能带给食客们这样边品尝边比较的乐趣。

◆ 剥皮盐渍（大鲷鱼）

一.一千克以上的鲷鱼需剥去硬鱼皮后制成寿司。像上文中提到的一样，静置一日后，剔除鱼骨，将鱼肉平分为两块并去皮（上图）。开门迎客前两面撒盐，经10~15分钟除去鱼肉中水分（下图）。接着用水冲掉盐分，放入冰水中收紧肉质。

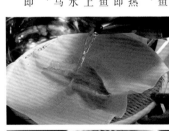

◆ 烫鱼皮（小鲷鱼）

一.一千克以下的鲷鱼，可以带皮做成寿司。其鱼皮很柔软，用热水冲烫鱼皮表面即可。除去鱼脊骨和鱼腹骨后，将鱼皮朝上放置，迅速浇上热水（上图）。完成后马上放入冰水中冰镇，之后拿出擦干水分即可（下图）。

白肉鱼熟成—①

伊佐山 丰（鮨 まるふく）

　　对很多鱼类来说，活宰之后并非马上食用，而是静置一段时间后，其肉质会变柔软，鲜度也会增加。因此最近越来越多的寿司店会延长鱼肉的熟成时间，以追求更鲜美的口感。本店便是用这种方法熟成白肉鱼。

这次我们使用的牙鲆鱼正处于1~2月的最佳食用季节内，是已经活宰的鱼。

盐渍

将鱼肉卸成5块后去皮，在表面撒薄薄一层盐。根据鱼肉的大小静置20分钟左右，除去多余水分。

静置牙鲆鱼

去除牙鲆鱼的头部和内脏，用薄纸（防水纸）和塑料袋包裹后放入冰箱。静置2天的鱼肉会更加适合做成寿司。

先整条熟成，再分块熟成

几年前，当我在试昆布腌石斑鱼的味道时，发现它比一般放置时间更长的鱼肉更为鲜美，这让我意识到了熟成的作用。也是以此为契机，我真正开始研究鱼的熟成。

自那以来，我开始觉得江户前寿司制作的精髓在于充分发挥鱼肉的鲜美，所以在石斑鱼之外，我又开始尝试对中等大小的鱼进行熟成。尝试各种各样的鱼类，找到各自合适的熟成时间，但其中门道很多，现在仍处于不断探索的阶段。

本店的鱼类熟成时间大概在 3 ~ 10 天。不谈云纹石斑鱼这样的大型鱼的话，平均熟成要耗时 5 ~ 6 天。宰杀之后，除去头和内脏部分，整条鱼身静置 3 天左右。接着卸成 3 块或 5 块，撒盐除去多余水分，再静置 3 天左右，熟成的第二阶段便结束了。

将整块鱼静置一段时间，可以让新鲜的鱼肉变得更柔软，否则在撒盐后鱼肉容易腐烂，肉质的透明度也会减弱，整体美观度会大打折扣。而增加鱼肉的鲜美度的，则是后半部分的熟成工序。

鱼肉熟成所需工具有二，一个是有较强吸水性和耐湿性的"耐水纸"，还有一个就是塑料袋。如果一次熟成耗时 3 天左右的话，中途就不需要撒盐或更换纸张，一直静置即可。

以后，我想努力尝试将白肉鱼和青光鱼的熟成时间延长至 2 ~ 3 周。因此我要改变鱼类的进货、熟成和管理方法，找到更好体现鱼肉鲜美的办法。

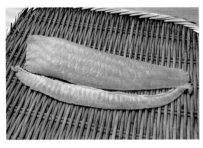

这是熟成后的半块牙鲆鱼及其缘侧。除去水分后，其肉质柔软，触感黏滑，表面润泽，鲜美度也会增加。

用纸和塑料袋包裹鱼肉，使其熟成

将渗出的水分和盐分冲净后擦干，进入第二阶段的熟成。将切成块的鱼肉用薄纸紧紧包住（上图）后，放入塑料袋中隔绝空气（下图）。用冰块裹住，放入冰箱内静置 2~3 天。

白肉鱼熟成—②

佐藤卓也（西麻布 拓）

在"西麻布 拓"中，多会先用各种保鲜膜和纸类包裹白肉鱼，之后经3～10天熟成，制成寿司。根据鱼的种类和大小不同，或多或少会改变制作手法，本文以石斑鱼为例，讲解白肉鱼的熟成过程。

石斑鱼是大型味美鱼类的一种。和大多数鲥科鱼，如云纹石斑鱼、鲷鱼、牙鲆鱼等一样，要边除去水分边熟成，才能做成寿司。

第一次熟成，要快速用水冲掉鱼肉表面的水分和盐分，之后拭去水分（右图）。在一侧贴上脱水巾（左上图），放入方平底盘中用保鲜纸覆盖住（左下图），置于冰箱中熟成。每半天至一天撒一次盐，更换纸巾，冷藏熟成。在此期间剥去鱼皮。

这是鱼肉熟成过程中使用的塑料薄膜和纸：有脱水巾、保鲜塑料膜和厨房用纸等，这五种材料的吸水性、透气性和柔软程度都不同，分别用于鱼肉的除水和熟成。

根据鱼的种类、部位和脂肪含量不同，熟成时间一般在3～10天。图中的是经过10天熟成的云纹石斑鱼，其肉质紧实、纤维柔软、鲜甜度也会增加。

红肉鱼的处理

白肉鱼熟成—②

青光鱼的处理

虾、虾蛄、蟹的处理

乌贼、章鱼的处理

贝类的处理

其他处理方法

每半天至一天撒一次盐，慢慢除去水分

鱼肉静置后肉质会变软，鲜度和甜度会增加，所以很多厨师会采用熟成鱼肉的做法。

刚剖开的新鲜白鱼肉质较硬，水分也很多，所以可以趁新鲜制成刺身。但若要制成寿司，便无法与松软的米饭融为一体，无法充分释放其美味，显得寿司的鲜度不足。金眼鲷和蓝点马鲛等油脂较多的味浓鱼类也会用昆布卷的方法进行处理，但大多数鱼类要经过好几天的熟成才能成为合适的寿司食材。

熟成的基本流程为：在剖好的鱼肉上撒盐后，用脱水巾包裹起来，冰镇静置数日。我的做法是：一开始每半日，后期每天，根据需要多次撒盐，更换纸张包裹鱼肉，慢慢除尽水分，提高鱼肉的鲜味。盐是用来去除水分的，而不是用来调味的，因此每次只稍加入少量盐，高效除水即可。若一次加入太多盐的话，鱼肉会变咸，而且无法除去内部鱼肉的水分。

此外，鱼皮和鱼肉交界处的味道最为鲜美，所以最开始带皮除干水分，在肉质变软的熟成后期剥皮，这是我们的常规做法。

合适的熟成时间很难掌握，需要尽量锻炼眼神，不断积攒经验。由于鱼种、大小、部位和肉质不尽相同，鱼肉所含水分、脂肪和鲜度也不同，所以要用眼睛去判断熟成时间的长短，用舌头品尝鱼肉的味道以判断加盐的多少，将吸水性和透气性不同的纸巾分开使用，这样才可以让鱼类发挥出最大的鲜度。

若超过了熟成最高峰，鱼肉就会开始腐烂发臭，因此要注意判断熟成时间。

◆ 拭去水分，用纸和保鲜膜包裹熟成

◆ 撒盐

以石斑鱼为例。卸成3块后在正反两面撒盐，静置10分钟以除去表面水分。在熟成过程中也要不断撒盐除去水分，所以一次盐不能撒太多。开始是带皮腌制。

昆布腌白肉鱼

植田和利（寿司處 金兵衛）

寿司店会根据所需风味来选择用于腌渍鱼肉的昆布。本店使用的是用超过3年的时间制成的"熟成昆布"，其味道更为鲜美。店主植田和利是店里第3代厨师，继承店铺时便开始研究食材的升级，在这一过程中他看上了这种昆布。

下面介绍用熟成昆布（左图）腌制牙鲆鱼（右图）的方法。将牙鲆鱼卸分成5块后剥皮，使用脂肪较多的腹部肉。昆布是产自函馆的3年熟成真昆布。

◆ 酒拭熟成昆布

将熟成昆布切成鱼肉大小，用浸酒的棉布擦拭包裹鱼肉的一面，使其变得柔软。若用力过重，会使其表面的鲜美粉末脱落，所以轻拭即可。

◆ 在牙鲆鱼腹撒盐

只在内侧的鱼肉上撒盐。在用昆布腌渍鱼肉之前，各店铺会为不同的鱼类调整盐的用量和盐渍时间，但在『寿司處 金兵衛』店中，所有的鱼都是略撒些盐，之后迅速用昆布卷起来。

用香气甜润的"熟成昆布"腌渍鱼肉

所谓熟成昆布，是指经年熟成后风味得到提升的昆布。将经过处理的普通昆布放在通风良好的仓库中静置1年，甚至是2年、3年，待其味道慢慢成熟。

那时昆布店的老板向我推荐了这种昆布，我便开始使用。我在搜寻新食材时，他向我介绍了这种有趣的食物。未经处理的昆布本身就有甜甜的香气，试着用来腌渍鱼肉的效果也很好。这种熟成昆布不会有杂味，也没有腥涩味，腌渍出的鱼的味道也截然不同。事实上，这种说法也被科学家们证实。

熟成昆布看起来与普通昆布并无差别，但其水分已在熟成过程中蒸发，所以会比其他昆布更轻薄，制成寿司时可以更快地吸收鱼肉的水分、更入味、黏度也更高。腌渍的手法虽与寻常昆布并无不同，但要注意静置时长；熟成昆布更易与鱼肉粘连，所以要小心剥开。这种熟成昆布的味道很浓却又很温和，实际上，客人在品尝时也能感受到其中的不同。

本店使用的是熟成的真昆布，市面上也叫"折叠昆布"。价格比其他昆布更高，按等级可分为三种。本店也使用利尻昆布和罗臼昆布，这两种昆布在日料店多用于熬制高汤，但本店如今只用于制作寿司。之后也可能用来制成"酒蒸牡蛎"的船形托盘，以更好地发挥昆布高汤的鲜度。

◆ 用昆布夹住鱼肉

用两片熟成昆布夹住牙鲆鱼肉（上图），用厨房纸包裹住后，用保鲜膜紧紧包住（右图）。不用镇石，直接放入冰箱静置2.5~3小时，除去鱼肉中的水分并让鱼肉吸收昆布的鲜味。可以当天或隔日提供给客人。

◆ 剥下昆布

时间一到，便剥下昆布，将牙鲆鱼肉置于密闭容器中，放入冰箱保管。因为熟成昆布比寻常昆布含水量更少，会更容易粘连鱼肉。因此需要小心剥下，防止弄破鱼肉。

暴腌方头鱼

松本大典（鮨 まつもと）

方头鱼多捕获于西日本，尤其是京都料理中不可或缺的食材。但江户前的东京湾无法捕到方头鱼，因此那时没有用作寿司食材。如今用在寿司中的鱼类越来越多，方头鱼寿司也出现了。

在京都，人们用方头鱼制作各种各样的菜肴。这是一条购自京都市中央批发市场的方头鱼，产地为长崎县对马，重量不足1千克。松本大典厨师认为『这是最适宜处理的重量』。

◆ 静置3天

将鱼肉面朝上，摆放在笸箩中，均匀地在鱼肉上撒盐（上图），稍微腌的时间长一些，常温中腌渍1小时左右，除去多余水分（下图）。接下来无须水洗，要用适量的盐，融化进鱼肉中即可。用抹布擦干渗出的水分。

将两块鱼肉的带皮一侧合在一起，用保鲜膜紧紧包裹住，放入冰箱静置。通常要静置2~3天，不可少于1天。这样可使盐味完全渗入鱼肉中，增加其鲜味。

◆ 炙烤鱼皮

将鱼肉切成合适大小，略微炙烤鱼皮后，制成手握寿司。我们一般会撒上盐（产自西班牙的海盐）和酸橘汁再提供给客人，若是其他食材，则可刷上煮制酱油。制作方头鱼刺身时也是同样的步骤，但鱼肉要切得稍厚一些。

用"暴腌"的方法盐渍1小时，增加鲜度

店铺刚开张时，我并没考虑要将有当地特色的鱼类选入菜单。但京都市场上有大量的优质方头鱼，当地的客人们对这种鱼很熟悉，也很喜欢吃，我才决定要用它。

近海捕获的方头鱼分为3种，捕获量最多、市面上最常见的是红方头鱼。其脂肪含量适当，鲜味强，较易处理。采购标准为：鱼身完整、鱼皮薄、重量在1千克以下。秋冬时节的红方头鱼脂肪最多，但常年可以捕到，鱼肉也很优质，所以我一年四季都在使用它作为食材。

方头鱼的水分较多，直接制成菜肴的话，会显得味道比较寡淡。要先用"暴腌"的方法，撒盐除去水分，再制成菜肴，做寿司也缺不了这一道工序。

但若是像盐渍鲭鱼一样涂上大量盐的话，方头鱼肉就会太咸，加盐太少则达不到效果，因此控制盐的用量和时间很关键。本店会薄薄地撒上一层小颗粒细盐，均匀铺在鱼肉表面，常温条件下静置1小时。最后，撒上去的盐会全部溶解并渗入鱼肉中，保证将多余的水分去除到位。

接下来用水冲洗鱼肉时，也容易水分过多，这时只需用棉布擦掉渗出的水分即可。考虑到这一步的同时去控制盐的用量，这是极为重要的。除水后的鱼肉更加香甜，口感黏糯，极适合做成寿司。

方头鱼的鱼皮和皮下脂肪也很美味，适合带皮制作。可将冲烫鱼皮使其变软，本店则会切成合适大小后，炙烤一下鱼皮，增加香气后制成寿司。

红肉鱼的处理

暴腌方头鱼

青光鱼的处理

虾、虾蛄、蟹的处理

乌贼、章鱼的处理

贝类的处理

其他处理方法

◈ 盐渍

◈ 将方头鱼卸成3片

一些菜肴会用到方头鱼的鱼鳞，但制作寿司时要除去。细小的鳞片也要除净。卸片，分成3份，除去鱼腹骨和细小的鱼刺。

昆布腌方头鱼

冈岛三七（藏六鮨 三七味）

　　方头鱼凭借其鲜美的味道和柔和的口感获得人们的喜爱，不仅在其大本营关西地区，关东地区也有很多方头鱼的拥趸者。冈岛三七厨师在东京经营着一家寿司店，方头鱼是他店里的常备食材之一。下面我们以方头鱼为例，讲解如何在剥皮后制作昆布腌方头鱼。

这条方头鱼的体型较大，重达1.5千克（右图）。美丽的红色鱼鳞、鼓起的腹部及背部两侧说明这条方头鱼很新鲜。新鲜方头鱼的腮呈鲜艳的红色（左图）。

◆ 盐渍

卸分成3块，剥去白皮，撒盐（右图）。方头鱼的水分较多，要静置20~30分钟，以除去多余的水分（左图）。用水冲洗，擦干表面的水分。

◆ 除鱼鳞

方头鱼的鱼鳞细小柔软，因此要用菜刀轻轻削去，不能损坏鱼肉。鱼鳞也很鲜美，可以油炸后作为下酒菜提供给客人。

红肉鱼的处理

昆布腌方头鱼

青光鱼的处理

虾、虾蛄 蟹的处理

乌贼·章鱼的处理

贝类的处理

其他处理方法

用酒泡发以增加昆布鲜度，后用其来腌方头鱼肉

本店经常使用方头鱼制作寿司，可谓是常备食材。本店常使用的是捕获量较大的红方头鱼，但市场上出现稀有的白方头鱼时，我也会买回来制作菜肴。和口感高级的红方头鱼比起来，白方头鱼的鲜味较浓、体型较大，给人感觉比较粗犷。由于白方头鱼体型较大，用盐腌渍的时间也相应变长，将鱼肉中的多余水分去除干净后才能握成寿司。

这次我们使用的是红方头鱼，如今方头鱼可以在很多地区常年捕获到，我们可以一直使用新鲜的方头鱼。优质的方头鱼呈美丽的粉红色，身形鼓起，所以是否新鲜一看便知，优质方头鱼的鱼鳃也呈鲜艳的红色。

方头鱼是一种含水分较多的鱼类，所以除去多余水分、提高其鲜度便是很重要的工序。本店会加入大量的盐，腌渍30分钟左右，再将渗出的水分和盐分冲净。此时的方头鱼便可直接握成寿司，但本店会增加一步，即用昆布腌渍方头鱼，使其加入昆布的味道。

所使用的昆布在酒中浸泡过30分钟后，会变得柔软并会吸收酒的香味，最终鱼肉就会兼具酒香和昆布的香甜，用昆布腌渍其他鱼类时，我也一直在使用这种方法。昆布变得潮湿柔软后，更易去除表面污垢和渗出的涩味，昆布泡发后，用毛巾擦拭干净表面污垢，准备腌渍鱼肉。

在做成昆布腌方头鱼刺身前，需经5个小时的腌渍。制成寿司食材则需更长时间，要腌渍整晚，以便鱼肉充分吸收昆布的鲜度，使其味觉效果更为突出。

◆ 用酒泡发昆布

我使用的是罗臼昆布，用适量的酒浸湿昆布，使正反两面都能入味。泡发30分钟后昆布变软。此时用厨房纸巾将昆布覆盖，保持其湿润。用毛巾擦掉昆布表面的污垢后使用。

◆ 昆布腌方头鱼肉

用昆布包住鱼肉两面，裹上保鲜膜，放入冰箱静置一晚。在握好的方头鱼肉上洒少许盐和酸橘汁，覆上昆布细条。

昆布腌烤白方头鱼

渡边匡康（鮨 わたなべ）

　　方头鱼根据颜色不同可分为3种，分别称作红方头鱼、白方头鱼和黄方头鱼，其中白方头鱼最为稀少。渡边匡康厨师只在晚秋至冬季期间渔获量最多时使用白方头鱼，他将为您讲解白方头鱼的独家处理手法。

渡边匡康厨师常使用的是「味道和品质均为上乘」的白方头鱼，重量在2千克左右，多产自爱媛县、大分县、福冈县。

卸分方头鱼，除去水分

鱼鳞无法用于寿司和下酒菜，因此要刮去其鱼鳞后再将其卸成3块。将鱼肉以带皮状态，裹上脱水巾静置一天，再用厨房纸巾包裹静置3天左右，以除去多余水分。

切成一册鱼肉

刮去腹骨，沿着背骨中心线切分成两册鱼肉。中心线两侧有些小鱼骨，因此在两侧切下5毫米厚的鱼肉，和骨头一起煮成高汤。

将鱼皮和鱼肉分离

将鱼肉对半切开，以方便接下来的处理。从鱼皮下面5~6毫米处平着入刀后，切分开鱼皮和鱼肉。

带皮烘烤，不带皮则昆布腌渍

方头鱼的捕获量较多，而白方头鱼较稀少，价格也很昂贵，但其鲜美肉质令我着迷，因此我使用白方头鱼已有数年之久。方头鱼的肉质也很好，但白方头鱼的肉质要更为细腻，油脂也更加鲜美，而且白方头鱼的个体差别很小，都极鲜美，充满魅力。

方头鱼肉的含水量很高，脱水的工序就变得极为重要，本店不会撒盐除水，而是将鱼肉用脱水巾包裹起来，静置 1 天。若是像青背鱼和沙梭等小鱼，需要短时间内除去水分时，我会采用盐渍的方法。若是像方头鱼和鲷鱼等中等大小的鱼，则需用脱水巾慢慢除去水分，这样才可以使鱼肉在熟成中大大增加其风味。

在制作手握方头鱼寿司时，本店会将一册鱼肉按照带皮和不带皮分成两块，再根据其差异制作，发挥出其各自的特点。切分成两块时，将鱼肉对半切开后，两块鱼肉的差异很小，因此要将带鱼皮一侧的鱼肉切薄些，将不带鱼皮的一侧切厚些，要找准下刀的位置，使两块鱼肉的质地呈现出明显的差异。

鱼皮内侧的脂肪层富含浓缩的鲜味，因此略微烤化油脂，以发挥油脂的香味。另一方面，用昆布腌渍不带鱼皮的一侧，使昆布的鲜味进入清淡的鱼肉内，呈现出不同于带鱼皮一侧的味道。若昆布的味道过浓，方头鱼的细腻风味就会消失，因此将昆布薄薄地盖在鱼肉上，腌渍 2 小时即可。

此外，用于涂抹的酱汁也有很强的风味，要控制用量。再涂上梅干制成的煎酒，补充咸味即可。

炙烤带鱼皮的一侧鱼肉

在不带鱼皮的一侧上切出3道刀花，撒盐，防止鱼皮在炙烤时变得太紧，也能防止鱼肉散落。在鱼肉的上方点燃炭火，轻微烧烤，再握成寿司。

切分鱼肉

将不带鱼皮的一侧切成适合握成寿司的大小，再用昆布腌渍。用厨房纸巾包裹住带皮的一侧鱼肉（图片右部）并冷藏起来，在握成寿司前，取出切块。

用昆布腌渍不带鱼皮的一侧鱼肉

用两块罗臼昆布轻轻包裹住鱼肉，不让昆布的味道过多渗入鱼肉中，不需要用重物压住，腌渍2小时即可（右图）。在握成寿司前，用梅干、酒和水制成煎酒，刷在鱼肉一侧（左图）。

昆布腌金眼鲷

增田 励（鮨 ます田）

　　千叶县和伊豆市是优质金眼鲷的产地，在关东地区有着高级白肉鱼之乡的美名。金眼鲷的常见做法是干烧和刺身，但最近金眼鲷寿司也大受欢迎。增田励厨师会用将金眼鲷用昆布腌渍，再稍稍加热，蒸出多余油脂后握成寿司。

金眼鲷并不是传统的寿司食材，但如今很受欢迎。其脂肪含量和肉质柔软度都是白肉鱼中很少见的，图中的是一条重2千克的金眼鲷，产自千叶县铫子地区，非常受人们欢迎。

◆ 分解金眼鲷

将金眼鲷卸分成3块，去皮。金眼鲷的特征在于其红色的鱼皮，有些寿司店会利用这点制菜，但增田励厨师为了发挥金眼鲷鱼肉软滑的口感，会选择剥掉鱼皮。

◆ 稍稍撒盐

在鱼肉双面稍撒些盐味，并除去多余水分。静置30分钟后，用厨房纸巾擦干表面渗出的水分，不可用水洗。

红肉鱼的处理

昆布腌金眼鲷

青光鱼的处理

虾、虾蛄、蟹的处理

乌贼、章鱼的处理

贝类的处理

其他处理方法

用烤炉加热 15 秒，控制油脂含量后握成寿司

以前我们会将煮金眼鲷作为下酒菜提供给客人，但最近金眼鲷都会制成寿司。黏滑柔软的口感和外表、鲜美的油脂在白肉鱼中都是极为出色的，是上好的寿司食材。此外，本店的醋饭酸味略强，与金眼鲷的味道十分相配，因此我尤其喜欢使用金眼鲷。

但这并不是说油脂越多的鱼肉越适合制成寿司。我们也要控制鱼肉中油脂的含量，使其呈现出油而不腻的适中口感。为了达到这样的效果，我们将鱼肉用昆布腌渍，再稍加烘烤后握成寿司。

腌渍给鱼肉带来昆布的鲜味，并能吸收多余水分，使鱼肉呈现出浓郁的风味，同时鱼肉的油脂含量也会减少。在开店伊始，我曾经用各种鱼肉尝试昆布腌渍手法，呈现效果最好的是金眼鲷和沙梭鱼。沙梭鱼的味道较淡，可以充分吸收昆布的鲜味。金眼鲷则可以除去多余油脂，同时昆布的鲜味与油脂的配合也十分完美。

同时，将切成薄片的金眼鲷鱼肉放在烤炉中加热 15 秒，这道工序不是为了烤熟、烤香，而是为了逼出鱼肉中的油脂。把握好加热时间，让油脂渗出鱼肉表面即可，再用纸巾擦掉油脂。

烧烤后的昆布腌金眼鲷寿司看起来与未经处理的鱼肉一样软嫩，一入口便可有微温的触感，接着客人就会品尝到可口的油脂。

◆ 用昆布腌渍

用浸过酒的毛巾擦拭真昆布，使其变软。在金眼鲷两侧裹上昆布，用保鲜膜包起来，放入冷藏中。取下昆布，用保鲜膜包住，放入冰箱中，静置一天，即可拿出使用。腌渍2小时。

◆ 炙烤鱼片

制成寿司前将鱼肉切片，置于锡箔纸上，打开烤炉，开远火炙烤。双面烘烤15秒左右，用厨房纸巾按压吸去浮出的油脂，握成寿司。

昆布腌喉黑鱼

厨川浩一（鮨 くりや川）

喉黑鱼（和名为赤鲑）因其油脂丰富、鲜味浓厚，近年成为了颇具人气的白肉鱼。喉黑鱼产自日本海沿岸，从那时起便用于制作寿司，直到如今关东地区的人们也喜欢将喉黑鱼做成寿司和烤鱼。下面就来讲解一下昆布腌喉黑鱼的做法。

如今在寿司店中极具人气的喉黑鱼（和名为赤鲑）。将喉黑鱼带皮卸分成3块，这样鱼皮与鱼肉间的胶质可以发挥鲜味。

◆ 用昆布腌渍

冲烫，使鱼皮变软。用水冲洗掉鱼肉表面的盐分。铁钎沿着鱼皮下方将鱼肉串起，带皮的一面朝上，将鱼肉放在砧板上（右上图）。鱼肉盖上布，浇3次热水（右下图）。鱼尾部的皮较硬，要延长浇热水的时间。浇完热水后，迅速将鱼肉放入冰水中，以防余热进入鱼肉中，同时取下铁钎（下图）。冷却完成后拿出鱼肉，拭去水分。

利尻昆布上喷酒，使其变软。用昆布包裹鱼肉，再用保鲜膜紧紧包住。置于平底容器中，压上1千克左右的重物，使鱼肉受力均匀，之后放入冰箱腌渍4小时左右。腌渍完成后剥下昆布，置于寿司食材箱中保存。

冲烫使鱼皮变软后，用昆布腌渍

　　本店平时会常备着昆布腌渍 1 ~ 2 种白肉鱼。鱼肉在吸收昆布的鲜味之后，味道变浓，握成寿司后味道更有层次。我常使用的是喉黑鱼、鲷鱼、牙鲆鱼、沙梭鱼、鲷鱼苗等，但这种方法基本适用于所有的白肉鱼。

　　可将喉黑鱼切成一贯寿司大小之后用昆布腌渍，但我通常会直接使用卸分成 3 块的鱼肉。如果鱼实在太大，就将它切成册；鱼皮太硬的话就剥去鱼皮。每种鱼都有不同的方式进行预处理。像喉黑鱼一样要发挥其皮下部分鲜味的鱼，或是本身鱼皮就很柔软的，我会直接冲烫鱼皮，使其变得柔软后用昆布腌渍。

　　而若是像沙梭鱼这样的体型较小的鱼，用冲烫方法的话，热水的温度会进入鱼肉内部，因此我会先在鱼皮上多撒些盐，这样也可以软化鱼皮。

　　本店会用利尻昆布完全包裹住鱼，再用保鲜膜包住。像喉黑鱼这样大小的，就用重 1 千克左右的镇石压住，放入冰箱静置 3~4 小时。包裹保鲜膜可以防止鱼肉变干，也能留住香气。

　　我将放寿司材料的食材箱当作镇石使用。箱底是平的，可以保证施力均匀，重量也可调整，用起来很方便。昆布的使用量、镇石的重量和腌渍时间都可以根据菜品的要求来自由调整。

　　这次我们只是简单地握成寿司，若要将昆布腌喉黑鱼寿司提供给客人，还需刷上煮制酱油，配上昆布碎（日高昆布用酒浸湿，撒盐，剁碎）或是煮过的白板昆布。用不同种类的昆布来为寿司提鲜。

◆ 盐渍

◆ 冲烫鱼皮

在鱼肉双面稍撒些盐，静置 30 ~ 40 分钟，使鱼肉带有盐味，并除去多余水分。背部和腹部的鱼肉厚度有很大差异，我将较薄的鱼腹部分交叠起来，防止浸入太多盐分。

红肉鱼的处理

昆布腌喉黑鱼

青光鱼的处理

虾、虾蛄、蟹的处理

乌贼、章鱼的处理

贝类的处理

其他处理方法

昆布腌金梭鱼

小宫健一（おすもじ處 うを德）

金梭鱼多使用在具有地方特色的姿寿司（指使用整条鱼做出的造型完整的寿司，译者注）与和食店中，形式多为箱寿司和小袖寿司等，手握寿司还是新出现的菜品。秋季是金梭鱼最美味的时节，此时本店总会先将金梭鱼用昆布腌渍，再握成寿司。金梭鱼肉是店中的固定寿司食材。

选用体型较大、肉质较厚的金梭鱼握成寿司。图中的金梭鱼长30厘米，产自千叶县富津市。「还有小柴、葛西等地，东京湾地区有很多味美的金梭鱼。」小宫健一厨师说道。

◆ 将金梭鱼卸分为3块，去皮

正常的准备工序为：刮鳞、卸分为3块、去除腹骨和细小鱼骨。将鱼肉按照寿司大小片成3~4块，去皮。

◆ 用煮制酱油腌渍

使用昆布腌渍鱼肉前，先用微甜的煮制酱油腌渍，使鱼肉入味，这是本店的特色方法。这种煮制酱油是用淡口酱油、煮去酒精的清酒和味淋按一定比例调和而成的，腌渍2分钟左右后即可拿出。

先用主料为淡口酱油的煮制酱油腌渍，再用昆布腌渍

　　金梭鱼不是传统的江户前食材，但其味道顺口美味，无疑是手握寿司的合适食材。肉质较厚、体型偏大的金梭鱼味道更浓，只要在市场上看到质量好的我便会买回来。制作姿寿司时，人们会烧烤金梭鱼的鱼皮，但我考虑让金梭鱼与米饭的味道和口感相融合，会先剥去鱼皮，再用昆布腌渍鱼肉，握成寿司。

　　本店的白肉鱼多是采用昆布腌渍的手法，处理工序几乎相同：先切成寿司所需大小，接着用主料为淡口酱油的煮制酱油腌渍，再用真昆布腌渍1小时。

　　有些店里会用昆布腌渍1册鱼肉或是半条鱼肉，但有时鱼肉的厚度不均，或是味道腌渍不均。所以本店会切成小块鱼肉，让昆布的鲜味均匀地进入鱼肉中。这时需要缩短鱼肉的腌渍时间，多次品尝鱼肉的味道，防止鱼肉变得太咸。而且金梭鱼的肉质很软，能够与昆布贴合得很紧，所以要很小心地剥下昆布，防止鱼肉碎掉。

　　一般来说，在昆布腌鱼肉前，要在鱼肉上撒盐以除去多余水分，有时也会添加醋紧的工序，但本店会使用独家调味方法：在淡口酱油中加入煮去酒精的酒和味淋，放入切好的鱼肉，腌渍2~3分钟。加入味淋后，煮制酱油的味道会变甜一些。这是在京都的日料店学到的方法，那家店就是这样给白肉鱼刺身调味的。本店的米饭会稍偏咸，搭配这样的鱼肉是再好不过的。

◆ 剥下昆布，储存起来

待味道适当进入鱼肉中后剥下昆布，将鱼肉放在盘子上，盖上保鲜膜后置于冰箱内。即日便可使用，但静置3天后的味道最好。

◆ 用昆布腌渍

将昆布用湿毛巾擦拭后，刷毛沾醋涂遍昆布，使其变软（上图）。用厨房纸巾擦干鱼肉表面水分后，用昆布包裹住（左图），再包上保鲜膜。切下的鱼肉较小，因此腌渍时间不到一小时即可。

博多特色鰤鱼押寿司

（押寿司是一种将醋饭和寿司材料一起放入模具中加压定型而成的寿司，日语中"押し"的中文意思是挤压。译者注）

野口佳之（すし処 みや古分店）

鰤鱼是一种变名鱼（即随着不同生长时期而变换名称的鱼，译者注），从鰤鱼幼鱼开始便可以用作寿司食材。秋天之后是鰤鱼的生长期，严寒时节的"寒冬鰤鱼"鱼肉的美味程度可与金枪鱼的鱼腩相媲美。本店将寒冬鰤鱼搭配上腌芜菁片，制成美味的押寿司。

年底到年初的这段时间是鰤鱼的最佳生长时期。其肉质也最为鲜美。图中的『寒冬鰤鱼』产自富山县冰见市，是鰤鱼的著名产地之一。将鰤鱼卸分成3块后，选用腹部一侧的鱼肉。

盐渍

在鱼肉两面撒盐，静置30～40分钟，除去多余水分。油脂含量较高则延长腌渍时间。用水冲掉渗出的水分，擦干。

将鰤鱼肉切成长片

将鰤鱼的鱼肉切成长薄片，制成博多特色鰤鱼押寿司。先按模具的宽度将去皮鱼肉切成合适的大小，之后在鱼肉下方厚度1/3处入刀，剖开鱼肉，但不切断。之后再将较厚一侧的鱼肉按同样方法对半切开。

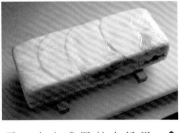

用"寒冬鰤鱼"和腌芜菁片制作的箱寿司

"博多特色鰤鱼押寿司"是本店冬季的固定菜品。鰤鱼直接制成手握寿司也很美味，但近10年前我曾将鰤鱼与北陆地区有名的"芜菁寿司"相结合，得到了一致好评，因此我一直坚持冬季提供这道菜品。

芜菁寿司是将盐渍后的大芜菁切薄片，包裹住鰤鱼肉后，放入米曲腌渍发酵而成的，只是对于这种熟成寿司的好恶因人而异。为了让大众都能接受，我稍稍改进了食材与做法，诞生的就是博多押寿司。

用普通的醋饭代替米曲，搭配著名的京都芜菁片，用这两样夹住鰤鱼肉，再放入木头模具中压成寿司。拿掉米曲后，寿司就不会那么甜，芜菁片和醋饭的酸味则会带来清爽的口感。

日本海沿岸的富山县冰见市和新泻县佐渡市的芜菁最为出名，所产芜菁都品质优良、供货稳定。鰤鱼的质量可根据腹部鱼肉的厚度及油脂含量来判断。鰤鱼属于大型鱼类，因此市场上会将其卸分成3块后，按三种等级售卖，因此在最高级的鰤鱼中挑选鱼肉品质较好的即可。

购买时我只买鰤鱼的腹部肉。日料店多会用背部的鱼肉制成烤鱼。但我认为腹部的油脂更鲜更软，要做寿司的话，这种口感更合适。根据鱼肉的状态，有时可当天使用，有时则要经过几日熟成后再使用。

下酒菜中的"鲭鱼千鸟"（第260页）是博多押寿司的衍生菜品，用鲭鱼代替鰤鱼使用，再用芜菁片卷起鱼肉。北陆地区在制作芜菁寿司时，基本会选择鰤鱼，但鲭鱼也可与芜菁搭配，故也有人使用。

◆ 将食材填满模具

在押寿司专用的木质模具中铺好保鲜膜，依次塞入芜菁片（上图）、鰤鱼（中图）和醋饭（下图）。这时要注意将4片芜菁错开摆放，使其贴满模具四壁，这样才能包裹住鱼肉和米饭，鱼肉的边缘要切整齐。按照模具大小放入，保持一层鱼肉的厚度。之后再依次将鱼肉和米饭放入一次，叠成两层。若要提供小块鰤鱼寿司，则只叠一层即可。

◆ 压制成型

用露出的保鲜膜包住醋饭，合住模具的盖子后用力按压数次，让其中的食材紧紧贴合在一起（上图）。盖子合住，用皮筋或其他工具裹紧模具，放入冷藏柜静置约3小时之后连同保鲜膜一起脱模（下图）。带着保鲜膜切开后，提供给客人。

稻草烤蓝点马鲛

铃木真太郎（西麻布 鮨 真）

用燃烧的稻草烘烤鱼肉，使其染上淡淡的熏香，表面微灼，鱼皮也变得柔软可食。这种手法就是"稻草烧烤"，广泛应用在处理红肉鱼、白肉鱼和青背鱼上。下面以蓝点马鲛鱼为例为您介绍一下这种处理方法。

蓝点马鲛鱼的最佳食用季节是在冬季到初春。将半边鱼肉以十字状切成4等份，这样鱼肉的大小最为合适，再用铁钎串起烧烤。腹部的鱼皮较柔软，可以留下（左图）；而背部的鱼皮较硬，需去除。

将切好的鱼肉盐渍，以除去多余水分。鱼肉两面撒盐，置1小时（右下图）。盐的多少需根据鱼肉大小和脂肪含量来调节。之后用水冲掉盐分，再用纸巾擦干水分。

◆ 将鱼肉串起

将鱼皮朝下放置，沿着鱼皮内侧水平插入铁钎。与火炙鲣鱼的做法相同，将铁钎以扇状插入鱼肉，以便于拿取。

用稻草烧烤后迅速冷冻，以保持其香味和口感

我很喜欢稻草烤鱼的方法，所以经常使用。烧烤过后，鱼皮变软，还会散发着香气，微微的烟熏味包裹着鱼肉，十分美味。

冬季至初春期间我会用稻草烤蓝点马鲛鱼，春天到夏天的食材则是大马哈鱼和鳟鱼，到了秋天则使用洄游鲣鱼。虽都是鲣鱼，初春时节的鲣鱼脂肪含量少，味道清爽，用稻草烧烤就会破坏鱼肉的这一特点。要根据鱼类和季节的不同选择合适的烹调方式，多次尝试不同的鱼类才能摸索出合适的处理方法。

在用稻草烧烤之前，也要先用盐腌渍鱼肉，除去多余水分。稻草的火焰要比煤气柔和，烧焦和火力不均的问题比较少。同时，稻草点燃后烟气较大，容易将鱼肉熏香。

即便如此，一不注意也会将鱼肉烧焦。要想将鱼烤香，就必须将鱼皮置于火焰上方，待鱼皮变色才可取下，然而鱼肉一侧的颜色不能变化，只需烟熏后变得紧实一些即可。尤其是腹部的鱼肉较薄，需要更加小心。鱼肉一侧的鱼肉千万不能烤熟。要多次翻转鱼肉、调整火烤的位置、添加稻草、向炭炉的通风口输送空气等，控制火候的能力决定了寿司的质量。

一般来说，在鱼肉烧烤结束后，为防止余热导致鱼肉继续升温，要将其放入冰水中。但为防止冰水破坏鱼肉的烟熏香气与鱼皮部位的口感，我会用白纱布将鱼肉包裹起来，放入冰箱中迅速冷冻起来。

用赤醋制成醋饭，与稻草烤蓝点马鲛鱼搭配，味道和谐，客人们都很喜欢。

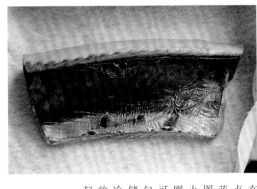

◆ 用稻草烧烤

在炉中放入稻草，点燃后用烟火熏烤蓝点马鲛鱼（右图）。鱼皮直接在火苗上烧烤，鱼肉则用烟气熏制即可。接着用白纱布包起来放入冷冻室冷却（上图），再放到冷藏库中储存储藏7~8分钟使其起来。

❖ 青光鱼的处理

醋紧小鳍鱼

浜田 刚（鮨 はま田）

　　人们都说，小鳍是种特别的青光鱼，醋紧后可成倍提鲜，和醋饭的搭配也是绝妙，十分能体现手握寿司的精髓。不同的处理方法会带来不同的风味，很多客人甚至会根据小鳍寿司的味道来决定对店家的好恶。

斑鰶属于出世鱼（详见寿司基本用语『出世鱼』条目，即随着长大名字会不断变化的鱼，译者注）。小鳍是对其某一阶段幼鱼的称呼。本店会使用从新子、小鳍到中墨等各个阶段的斑鰶幼鱼。购入的小鳍长度在14厘米左右。

◆ 将小鳍鱼制成蝴蝶片

除去鱼鳞、鱼头和鱼鳍，开腹，制成蝴蝶片，除净内脏和鱼骨后用水冲洗。切成制作寿司需要的外形。

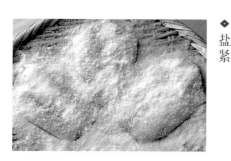

◆ 盐紧

将小鳍放在撒满盐的笸箩上，并在另一面也撒上盐。本店的传统做法是撒大量盐，直至鱼肉被全部覆盖。腌渍时间较长，为一小时10分钟。

盐和醋充分释放"江户前风味"

为了更好地理解小鳍鱼，我品尝过多家店的小鳍寿司。令我十分吃惊的是，每家的做法都有着很大的不同，有的厨师会稍加腌渍后制成近似于生鱼肉的温和风味，也有的厨师会加大量的盐和醋腌渍出浓厚的风味。

也就是说，小鳍的发挥空间非常大，我需要仔细考虑腌渍方法。这是一个既困难又有趣的过程，充分体现着寿司匠人的手艺高低。

我的腌渍方法属于多盐多醋的一类。要添加多少的盐和醋，取决于厨师的寿司风格。在我看来，给寿司调味时，最重要的是赤醋（酒糟醋）和盐的用量，我考虑到味道的协调性，认为寿司食材的味道要略厚重些，所以我会提高小鳍的用盐量，制成鱼肉味道浓厚紧致的寿司，这是符合江户前风格的。

根据鱼肉的油脂含量和大小的不同，腌渍的强度也会有所变化，这里介绍的仅是一般的添加量。先加盐，直至完全盖住鱼肉，腌渍 1 小时 10 分钟左右。这仅次于本店腌渍鲭鱼的用量和时长。之后冲掉盐分，放入醋水中静置 30 分钟，再放入生醋中浸渍 1 小时。醋渍的时间也很长，但这样的时间并不会使鱼肉过咸或过酸。

将小鳍稍加醋紧的做法，可以使鱼肉呈现出近乎鱼生的美味，没法说哪种方法更胜一筹。上面介绍的这种醋紧方法只是我的喜好，我喜欢味道浓厚些的"传统江户前小鳍"，故而对这种做法很满意。

◆ 醋紧

用水洗掉盐分后，用稀释过的酒糟醋清洗鱼肉。放在铁笼箩中静置30分钟，再放入酒糟醋中腌渍一小时。醋紧时使用的是发酵时间较短、呈白色的酒糟醋。

◆ 静置熟成

将铁笼箩放在盆上，让小鳍鱼皮一侧朝外，摆放整齐（上图）。用保鲜膜罩好后放入冰箱保存2天，控去水分并使鱼肉入味。左图为熟成2天后的小鳍鱼肉。

醋紧新子

安田丰次（すし豊）

"新子"，从名字我们就可以知道，指的是刚出生不久的小鱼，水产界将幼鱼统称为"新子"。寿司中则特指出世鱼斑鰶的幼鱼，"新子"渐渐长大后便称作"小鳍"。在关西地区，乌贼和玉筋鱼的幼鱼也称为"新子"。下面为您讲解的是斑鰶新子的处理方法。

这是斑鰶的幼鱼『新子』。图中『新子』的长度约为7～8厘米，适合两条一起握成寿司。晚夏时节的斑鰶正符合『新子』的大小，经过整个秋季的成长之后，便会成为『小鳍』。

→ 将『新子』制成蝴蝶片

仔细刮去鱼鳞，切掉鱼头后，开膛，制成蝴蝶片（上图）。除去内脏、中骨、腹骨后将鱼肉切整齐（右图）。『新子』的鱼身较柔软且腹部的鱼肉容易破碎，需小心处理。

→ 盐紧

托盘中撒满盐，鱼皮朝下放置在托盘上，在鱼肉上撒盐。让盐薄薄布满鱼肉后静置20～40分钟（时间随鱼肉大小做调整）。再用流水冲洗3～4分钟以除去盐分和鱼肉的腥味。

外形风味俱佳的"两条握"

虽说在关西地区也有用黑背鱼制作的诸如"鲭鱼棒寿司"等传统料理，但白肉鱼文化还是主流。本店创始于40年前，那时有很多客人不喜欢黑背鱼寿司。但随着时代改变，小鳍和新子也为人们所喜爱，成为颇具人气的寿司食材。

在大阪湾地区，8月举行盂兰盆节（即中元节，盂兰盆节为佛教称谓。译者注），新子的捕捞期就在那前后一个月的时间。新子上市后，可长时间使用的小鳍也就离上市不远了，因此每到这个季节我们都很激动。

新子的长度在5~10厘米之间。身形较小的新子可数条一起握成寿司，身形较大的新子则是单条握成寿司。处理方法分为四条握、三条握、两条握和整条握。

以前寿司店都想争第一口鲜，因此争相购入身形较小的新子，但实际上，身形太小的新子鱼肉鲜味较少而且肉质太薄，数条握在一起也是厚墩墩的，寿司的造型并不好看。新子属于黑背鱼，清爽细腻的口感是其魅力所在，身形太小就无法让人感受到它精致的风味。考虑到造型和鲜味，我基本会选择长度为7~8厘米的新子，用两条握的手法握成寿司。

新子的处理方法和小鳍相同，但新子的身形较小，内脏容易损坏，购入后必须立即握成寿司。盐紧和醋紧的用量也要严格控制。一同购入的新子大小不一，需剖开后后分为大、中、小三类，仔细调整盐和醋的腌渍时间。

处理幼鱼时，需要注意细节，所下的功夫都会体现在寿司中。

◆ 握成寿司

将吸收盐味和醋味的新子握成寿司。通常是将两条新子握成一贯寿司，使两块鱼肉错开交叠，调整至厚度一致（上图）。也可以将每条新子对半切开，将4块鱼肉叠在一起握成寿司（下图）。这两种方法做出来的外形和口感都不同。

◆ 醋紧

盆中倒入米醋，浸泡新子。将新子从大到小放入，这样可以使身形较大的新子浸渍更长时间（上图）。放入最小的新子腌渍制1分钟左右（最大的新子腌渍时间不能超过3分钟）。接着摆放在笸箩状的容器上，沥去醋汁（右图），用保鲜膜包裹，放入冰箱中静置几小时。

醋紧沙梭鱼

松本大典（鮨 まつもと）

江户时代东京湾曾盛产沙梭鱼，沙梭鱼便由此成为寿司的固定食材。

沙梭鱼与小鰶和鲭鱼一样，有着闪闪发光的鱼皮，因此被归类到"青光鱼"中。

最近有很多寿司店会用昆布腌渍沙梭鱼，但以前的做法一般是用醋腌渍。

沙梭鱼是江户前寿司中不可或缺的食材。图中的沙梭鱼来自著名优质产地千叶县竹冈市（地处东京湾），长15厘米，据松本大典厨师说『这个长度做成寿司食材正合适』。

◆ 制成蝴蝶鱼片

沙梭鱼可以带皮握成寿司，只需刮净鱼鳞、除去鱼头和内脏即可。沙梭鱼的身形很小，需开背，制成蝴蝶鱼片，除去中骨、腹骨、鱼鳍，再修成合适的形状。

◆ 盐紧

将鱼肉一面朝上放在筻箩中，撒盐（鱼皮一面不需要撒盐）。静置5分钟，使鱼肉充分吸收盐分，除去多余水分。可以根据鱼肉大小、肉质薄厚及油脂含量对腌渍时间进行微调。

◆ 静置1～2小时

用水冲洗鱼肉表面后拭去水分，再次将鱼肉朝上放入筻箩中，放置几分钟以沥干水分。之后放入冰箱中储存1～2小时，使盐分渗入鱼肉中。

撒盐、冲烫再醋紧

夏季是沙梭鱼的最佳食用季节，这时我总会制作沙梭鱼寿司。不仅因为沙梭鱼是有着悠久历史的寿司食材，还因为其口感清爽、鱼肉柔软清淡，十分适合炎炎夏日。

昆布腌沙梭鱼也很美味，但本店的基本做法是醋紧。醋紧是从江户前传下来的手法，更能发挥食材清爽的口感。而且沙梭鱼有碘的味道，除去鱼肉的多余水分后，用水冲洗再醋紧，可以起到去除这种味道的作用。

沙梭鱼的鱼皮很美味，可以带皮制成寿司食材。沙梭鱼的身形很小，可整条使用。将盐均匀地撒在鱼肉上，去除多余水分，再用水冲洗掉多余水分，有利于减弱鱼肉的腥臭味。之后擦干水分，放入冰箱静置 1~2 小时。长时间静置是为了让鱼肉表面的盐分充分渗入鱼肉内部，所以在醋紧鱼肉前我会在盐渍上花很长的时间。

盐渍完成后，逐个冲烫沙梭鱼皮，迅速放入赤醋（酒糟醋）中。将沙梭鱼从赤醋中拿出之后，立刻放入下一条冲烫过的沙梭鱼，如此轮流浸泡，每条沙梭鱼的醋紧时间都较短。

一般很多人会选择先将冲烫鱼皮，再撒盐，再醋紧的顺序，然而我选择这种先撒盐、冲烫后直接醋紧的方法，便省去了隔绝余热的步骤，不必在冲烫后将鱼放入冰水中冷却。

尽量不要泡水是处理鱼的原则之一，因此我认为这种方法还是比较合理的。

◆ 醋洗

◆ 冲烫鱼皮

接下来是将鱼肉浸在赤醋（酒糟醋）中。浸渍时间为10秒左右，即下一条沙梭鱼的冲烫时间。一条沙梭鱼冲烫完成，放入赤醋之前，便将上一条沙梭鱼从赤醋中捞出（右图）。浸醋之后，将鱼皮朝上放在笸箩上，静置几分钟以沥掉水分（左图）。放入冰箱中，静置一小时。配上少许花椒芽握成寿司。

冲烫可使鱼皮变软，放在笸箩中浇热水也是可行的，但松本大典厨师从学徒时便养成了这种习惯，他会将鱼肉一片片拎起来浇热水。

昆布腌沙梭鱼

岩濑健治（新宿 すし岩濑）

如今，提供昆布腌沙梭鱼的店家越来越多。本店中，沙梭鱼是常备食材，也是店里少有的用昆布腌渍的鱼类。这家店只将沙梭鱼单面用昆布稍稍腌渍，充分发挥沙梭鱼的新鲜风味。

在岩濑健治厨师看来，产自东京湾的沙梭鱼肉既厚且鲜，就决定使用这种沙梭鱼。图中的沙梭鱼长20厘米，重80克，是个头较大的沙梭鱼。

◆ 冲烫沙梭鱼皮

将沙梭鱼开背，只在鱼皮上浇热水，使鱼皮变软，之后迅速放入冰水中，降温。在此过程中，不可让鱼肉过度受热，因此沙梭鱼需逐条浇热水且操作时动作要快，盛放沙梭鱼的笸箩也要逐次流水冲洗降温。

◆ 撒盐

用厨房纸擦拭鱼肉表面，鱼肉两面上稍撒些盐，静置约2分钟。撒盐的目的不在于调味，而是用来除去多余的水分及腥臭味。

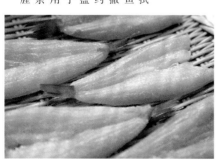

红肉鱼的处理

白肉鱼的处理

昆布腌沙梭鱼

虾、虾蛄、蟹的处理

乌贼、章鱼的处理

贝类的处理

其他处理方法

只将鱼肉一面腌渍 2~3 小时，保持鱼肉生鲜风味

沙梭鱼的脂肪含量较少，味道清淡且肉质柔软。昆布腌渍可使沙梭鱼吸收昆布的鲜味，并除去鱼肉中的多余水分，对沙梭鱼来说是一种十分合适的处理方法。本店用于昆布腌渍的食材只有沙梭鱼、金眼鲷和白虾。实际上，很多白肉鱼均可用昆布腌渍，但我最喜欢腌渍这三种鱼类。

产自东京湾的沙梭鱼品质极佳，很早之前沙梭鱼就被用来制作江户前寿司，本店也只从东京湾进货。沙梭鱼的个头又大、鱼肉又厚，是上好的寿司食材。很多客人觉得"沙梭鱼做成天妇罗料理最合适"的印象，因此江户前沙梭鱼寿司常常能凭借厚实的鱼肉口感和鲜美的味道给食客们带来惊喜。

昆布腌渍法基本适用于所有鱼类，但需根据鱼的肉质和大小调整鱼皮的处理方法、昆布的包裹方式及腌渍时间。沙梭鱼的鱼皮也很美味，可以带皮片下鱼肉，之后冲烫使鱼皮变软即可。

下一步是撒盐除去鱼肉中的多余水分，再用昆布腌渍。沙梭鱼的体型很小，因此只需撒上少量的盐，静置 2 分钟即可。耗时过长的话，鱼肉会又小又咸，我必须快速撒盐，腌渍好鱼肉。

只将鱼肉一面用昆布腌渍。之后用保鲜膜包裹住，不需镇石，静置即可。我以前会将鱼皮和鱼肉两面都用昆布腌渍，但感觉昆布的味道和香气过重，就改成单面腌渍。

腌渍时间为 2~3 小时，属于时间比较短的。有些鱼也可用昆布腌渍较长时间，使鱼肉变得更紧致黏滑，而沙梭鱼的这种应该称作"半生"昆布腌渍法。我认为这种方法可以尽量保留沙梭鱼的生鲜风味。

◆ 昆布腌渍

将昆布切成可并排摆放数枚沙梭鱼的大小。用醋湿的厨房纸巾擦拭昆布两面，使其变软变黏滑（右图）。之后撒上少量的盐。冲洗撒了盐的沙梭鱼，擦干水分，除去鱼腹，将鱼肉切成两半。鱼肉一面朝下放置在昆布上，翻面后再次放置在昆布上（左上图）。用保鲜膜将鱼肉和昆布包裹起来（左下图），放入冰箱静置2~3小时，使昆布的味道渗入鱼肉中。

◆ 加入花椒芽，握成寿司

花椒芽和沙梭鱼十分相配，取一片花椒芽放在醋饭上，再放置在沙梭鱼的鱼肉上，握成寿司。

醋紧春子

石川太一（鮨 太一）

有着美丽粉红色鱼皮的犁齿鲷幼鱼被称为"春子"，在江户前寿司中被广泛使用。醋紧是春子的代表做法，"鮨 太一"则会注重研究盐渍的方法、不同种类醋的使用以及醋渍的方法，在充分保留春子肉质柔软特色的同时，发挥出其独特风味。

春子是犁齿鲷等的幼鱼。鱼皮呈美丽的粉色，可以带皮握成寿司，因此即便它属于鲷鱼类，仍被归于『青光鱼』一类中。春夏是最佳食用季节。

直直地切下鱼头，开背后除去中骨、腹骨和小鱼刺。传统做法是将整条较小的春子带尾鳍握成寿司，因此不必切去尾鳍。

◆ 用稀释盐水腌渍

将春子放入与海水一样浓度的稀释盐水中腌渍10分钟左右。在盐水中放入冰块，便可将鱼肉迅速隔热，再让盐分慢慢渗入鱼肉内部。

◆ 制成蝴蝶鱼片

◆ 冲烫

春子可带皮握成寿司，需在鱼皮一面浇热水，使其变软。冲烫完后要立即放入稀释盐水中浸泡降温，防止鱼肉过热。

浸入盐水中，醋洗 3 次

不仅是春子鲷，各店的鱼类醋紧强度都不尽相同。我认为春子和沙丁鱼的醋紧（第80页）的手法相似，要利用春子肉质柔软的特性，不能让鱼肉因醋紧而变得太硬。

为了达到这样的效果，我会用稀释盐水（即一种浓度接近海水的食盐水）浸渍春子。与直接在鱼肉上撒盐相比，这种方法可以使盐分的吸收更加稳定，不会使鱼肉太咸。

使用这种方法还有另一个理由：按照一般的做法，人们会在用稀释盐水浸泡前，将鱼皮冲烫柔软，再迅速将鱼肉放入冰水中，才能防止余热进入鱼肉内部。但我先在稀释盐水中加入冰块，再浸渍鱼肉，就能达到事半功倍的效果。

盐渍后需醋洗，这道程序也要下一番功夫。以前我会将赤醋（酒糟醋）和米醋调和，将鱼肉腌渍10分钟左右，但放置时间久了之后，鱼肉会变硬。春子对醋的吸收能力要强于沙丁鱼，需要大幅缩短浸醋时间，才能在保证鱼肉柔软度的同时，保留住醋的风味。

最终我想到的方法是：先使用米醋醋洗鱼肉，接着将赤醋和米醋混合成调和醋，再醋洗一次鱼肉，静置一晚，再用调和醋将鱼肉醋洗1次，即3次醋洗鱼肉，这样可将每次的鱼肉腌渍时间缩短在1分钟之内。米醋会赋予鱼肉酸味，调和醋可将赤醋的香气、醇厚的口味与颜色带给鱼肉。这样操作更容易控制好肉质的松紧状态和风味。

在将春子握成寿司时，要按照江户前寿司的传统，配上少许黄新对虾肉松。

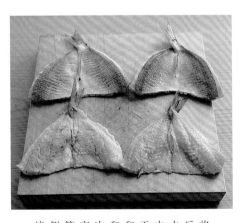

◆ 静置一晚

将鱼肉从醋中取出后放在笸箩中沥干水分，再放入容器内静置一晚。第二天早上再次用赤醋和米醋制成的调和醋将鱼肉醋洗1次，沥干水分即为完成。图片右侧为第一天的鱼肉，左侧为第二天处理完毕的鱼肉。

◆ 放入两种醋中

鱼肉从稀释盐水中取出后用笸箩盛着放入冰箱中，静置0.5～1小时沥干水分后醋洗。先用米醋醋洗鱼肉（上图），再将赤醋（酒糟醋）和米醋以2:3的比例混合后浸入鱼肉（下图），浸渍时间都不到1分钟。

昆布腌春子

神代三喜男（鐮倉 以ず美）

　　本店在处理春子时，第一阶段的醋紧中使用的是由煮去酒精的清酒和醋调和而成的"酒醋"。第二阶段用来腌渍鱼肉的昆布则是由不同配比的酒醋泡发而成。这种方法用在一切鱼类的醋紧和昆布腌渍中，并不是春子特有。

春子在关东地区的人气尤高。春子主要指的是犁齿鲷（关东地区也称花鲷）的幼鱼，是一种报春鱼，常作为寿司食材使用。

◆ 酒醋浸昆布

将去除酒精的酒与米醋以6：4的比例混合制成"酒醋"后，浸渍罗曰昆布。静置一晚，使昆布泡发变软并除去其腥臭味，之后即可用于腌渍鱼肉。酒醋较耐存，可使用半年。

◆ 盐紧春子

将春子带皮卸分成3块。在鱼肉两面撒少量盐后静置3~4分钟，除去多余水分。接着用水冲洗，再擦干水分。春子的体型较小，盐的用量和腌渍时间都进行了减量。

◆ 醋紧鱼肉

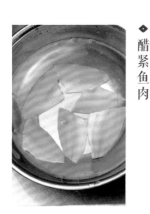

像昆布一样，将春子用"酒醋"稍加醋紧。用于醋紧的酒醋中，醋的比例要稍大些，酒和米醋的比例要调整为4：6。在盆中倒入酒醋并加水稀释，放入春子浸渍2~3分钟。

将酒醋比例为 4∶6 的调和醋用水稀释后，醋紧鱼肉

将除去酒精的酒和醋调和成"酒醋"的方法是我从师父那里学到的，我独立开店后，就将这个方法应用在多种食材上，例如昆布腌春子。

在过去的江户前寿司制作中，醋紧指的就是用"生醋"腌渍鱼肉，现在仍有很多店家沿袭了这一传统做法，用生醋的杀菌和防腐效果给食材保鲜。

在现代社会中，鱼类的保鲜法做得越来越好，醋的使用方法也变得多种多样。本店顺应这个趋势，希望能抑制醋的酸味，尽量发挥鱼肉的鲜味。有些店家只会用水稀释醋，我会先调制出"酒醋"，取出合适分量，用水稀释，用于醋紧鱼类。

酒和醋的比例大约在 4∶6。酒可以去除鱼肉的腥臭味，增添其风味，也可以锁住鱼肉的鲜味。而且在醋紧时，生醋易使鱼肉干燥甚至破碎，使用酒醋就可以有效避免这一情况。

接下来在昆布腌鱼肉环节中也要使用酒醋。一般来说，用于腌渍鱼肉的昆布需用浸过酒、醋、水的棉布轻轻擦拭，但本店会将其放入酒醋中泡发。此时的酒醋中酒和醋的比例为 6∶4，与上一步相反。酒的作用是除去昆布的腥味，吸收酒的香味。这样泡出来的昆布可以更好地发挥鱼肉的鲜味，因此我认为这种方法要比直接用水稀释更好。

用酒醋泡发的昆布还有一个好处，那就是昆布已吸收了足够的水分，在腌渍过程中就不会吸收鱼肉中的水分，鱼肉就不会变干。

◆ 用昆布腌渍鱼肉

昆布经酒醋泡发后，拭去表面的水分，将鱼肉一面朝下放在昆布上。较大的鱼类需要两面腌渍，但春子的鱼肉较薄，而且樱花色的鱼皮也很漂亮，所以只需要腌渍鱼肉，鱼皮起到装饰作用。用保鲜膜将鱼肉和昆布包裹起来，放入冰箱中，静置5~6小时。

◆ 将鱼皮焯水

焯水，让鱼皮变软。在热水中逐渐加入少量盐和酒，将鱼皮朝下放在笊篱中焯水，之后迅速放入冷水中，待鱼肉降温后拭净水分。醋紧后再焯水不易使鱼肉破碎。

◆ 拔去鱼刺

鱼肉醋紧后，擦干水分，仔细拔掉鱼刺。春子虽是幼鱼，但属于鲷鱼科，因此鱼刺较硬，注意一定要除净鱼刺。

醋蛋肉松春子鲷

西达广（匠 達広）

第三例用春子鲷制成的寿司是"醋蛋肉松春子鲷"。本店会用蛋黄和醋制成的醋蛋肉松腌渍春子后再握成寿司，也会在春子鲷握成寿司后配上醋蛋肉松。这是江户前寿司的手法之一，现在比较少见。

春子是一种长约十几厘米的小鲷鱼，主要指的是犁齿鲷的幼鱼。市场上有时也将其他红色系鱼皮的鲷鱼科幼鱼称作春子售卖，例如黄鲷鱼的幼鱼。

◆ 冲烫鱼皮

将鱼皮朝上放置在笸箩上，敷上棉布，浇烫热水，使鱼皮变软。背部鱼皮较硬，需从尾鳍处向背部分界线方向浇热水（右图）。两侧鱼肉开始卷曲（左图）后，便迅速放入冰水中冷却。

◆ 剖开春子鲷，制成蝴蝶鱼片

切下鱼头，留下尾鳍，从背部剖开鱼身。体型较小的春子可整条握成寿司，体型较大的春子则切成2等份后分别握成寿司。

不易使鱼肉紧缩，酸味温和的醋蛋肉松

春子鲷是犁齿鲷的幼鱼，在犁齿鲷产卵前后的初春时节上市。汉字写作"春子"，属于一种报春鱼。筑地市场会从日本各地采购鱼类，因此从春季到秋季之间我们都可以品尝到春子鲷。

或许是因为春子的体型较小，不易处理，所以尽管春子鲷是一种传统寿司食材，却也不会在每家寿司店都能见到。我曾在"すし匠"的店里做学徒，那里的厨师们都很喜欢制作春子寿司。春子鲷寿司是本店的推荐套餐中的第一道菜品，我还在积极探索适合春子鲷的处理方法，争取给客人们留下深刻的印象。

醋紧春子是传统的做法，但我继承的是用"醋蛋肉松"制作的方法。将卸分好的春子盐紧、醋洗等步骤是一致的，之后却不再用醋腌渍，而会或是直接握成寿司，之后撒上醋蛋肉松，或是在醋蛋肉松中浸渍一晚，再握成寿司。

醋蛋肉松，严格意义上应称为"醋蛋黄松"。是在蛋黄中加醋后，一边加热一边用茶筅搅拌30分钟左右，直至炒成干燥蓬松的小颗粒状。蛋黄浓郁的味道中带着些微的酸、口感松软，与春子鲷清淡的口味及柔软的肉质搭配起来十分完美。这种做法与用生醋醋紧相比，鱼肉口感更加柔软，酸味更加柔和，是一种很好的处理方式。

是要将鱼肉放入醋蛋肉松中腌渍，还是直接将醋蛋肉松添加在握好的鱼肉寿司上，要根据春子的状态来选择。若是鱼肉和鱼皮柔软的小春子，则用醋蛋肉松腌渍，若是春子的鱼肉和鱼皮较硬，则要先握成寿司，再添加醋蛋肉松，以防止鱼肉过硬。

小鳍和斑节虾也可与醋蛋肉松搭配使用，但我认为，鱼类中还是春子与醋蛋肉松最相配。

◆ 醋洗

用水冲掉鱼肉盐紧时残留的盐分，放入水稀释过的米醋中醋洗。沥干水分后即可握成寿司。

◆ 盐紧

春子从冰水中取出后擦干水分，放置在笸箩中。两面裹盐腌渍5分钟左右。根据鱼肉的大小与油脂含量调整盐的用量和腌渍时间。

◆ 制作醋蛋肉松

在蛋黄中加入米醋，打散，花30分钟炒成干燥蓬松的粒状醋蛋肉松。接着或是将鱼肉浸入其中腌渍，或是直接撒在春子鲷寿司上。

樱花叶渍春子

伊佐山 丰（鮨 まるふく）

春子的鱼皮呈漂亮的淡粉色，鱼肉也很鲜美，可与很多食材搭配。本店将春子用盐渍樱花叶包裹，制成"樱花叶渍春子"，是一道象征春天的菜品。

这是一条长约10厘米的春子鲷。江户前寿司将犁齿鲷的幼鱼称为『春子』，但市场上售卖的『春子』也有些是真鲷和黄鲷的幼鱼。春子的渔获期较长，关东地区可在春季捕获。

◆ 冲烫

用水冲去春子鱼肉表面渗出的水分和盐分，擦净水分。用含少量盐的热水浇在鱼皮上，冲烫可使鱼皮变软。接着拔去小刺。

◆ 盐渍春子

除去鱼头和内脏后开背，两面撒盐后静置约7分钟。将鱼皮朝下放置在笸箩中，根据鱼肉的松紧程度决定盐渍时长。

不加醋，用去盐的樱花叶包裹数小时

关东地区认为春季的春子鲷最为美味。但我听说关西地区将夏季到秋季视作春子的最佳食用季节。实际上一年四季我们都能吃到春子，若要制成"江户前寿司"提供给客人的话，还是要选择春季的春子鲷。在寒气尚未消散的 2 月，本店便开始提供春子鲷寿司，想要让客人感受到初春的来临。

为了更鲜明地体现"春之子"的形象，本店想出盐渍樱花叶搭配春子鲷的做法。樱花叶的特点在于其独特的香甜味，人们只要闻到其香气便会联想到春天。春子的鱼肉呈雪白色，散发着温和的香气，与樱花叶是绝配。

也有将银鱼和马苏大马哈鱼与樱花叶搭配使用的例子，让鱼肉吸收樱花叶的香味后制成寿司，这些鱼也恰恰都是春季的食材。本店专注于处理春子鲷，将其放在春季菜单上，客人们都很喜欢。

我会先将片开后的春子醋紧，除去多余水分，接着冲烫鱼皮，以上步骤与寻常的醋紧手法并无不同。醋紧的春子鲷也很美味，但为避免樱花叶的香味与醋的酸味相冲，因此我不用醋。鱼肉冲烫后直接用樱花叶将其包裹起来，以增添风味。

樱花叶是盐渍过的，我会在使用前将樱花叶做去盐处理，残留的盐分也足够为鱼肉调味。若要在晚上营业时提供给客人，则需在白天用樱花叶腌渍几小时。若渍的时间过长，鱼肉中的樱花叶香味就会显得过浓，因此只让鱼肉带上淡淡的樱花叶的香气即可，重点在于正确判断腌渍鱼肉的时间。

◆ 樱花叶腌渍

将盐渍樱花叶在水中浸泡约10分钟（右图）。适量除去盐分后擦干水分。将春子鲷对折，鱼肉一侧向外，直接用樱花叶裹住（左图）。用保鲜膜包裹，放入冰箱中，静置几小时，让鱼肉吸收樱花叶的香味。

昆布腌日本下鱵鱼

野口佳之（すし処 みや古分店）

日本下鱵鱼是一种高级鱼类，因其漂亮的银白色外表和细长的身形被誉为"鱼类中的美人鱼"。其味道也广受好评，做成寿司也有多种料理手法，如握成鱼生寿司、醋紧、昆布腌渍后握成寿司等。下面向您介绍本店的昆布腌日本下鱵鱼的做法。

这条日本下鱵鱼较大，全长约40厘米。体长超30厘米的大型日本下鱵鱼身形笔直，别称『门栓』。体长不足30厘米的日本下鱵鱼则称『铅笔』。

◆ 昆布腌渍

在笸箩上稍撒些盐，再将鱼皮朝下放置，接着在鱼肉上薄薄地撒些盐（右图）。日本下鱵鱼的鱼肉较薄，因此撒少量盐即可。静置5分钟左右，待鱼肉表面渗出水分（下图）后，用水冲洗再擦干水分。

将鱼肉一面朝下放置在二道昆布（即曾腌渍过一次白肉鱼的昆布）上（右图）。用保鲜膜将鱼肉和昆布紧紧包裹住（下图），放入冰箱中静置6小时。去皮后切成合适大小再握成寿司。

裹以"二道"罗臼昆布，稍稍提鲜

日本下鱵鱼的产卵期在春天。这种鱼在产卵前会接近岸边，因此捕获量较其他季节更大，春天便成为日本下鱵鱼的最佳食用季节。但产卵前的日本下鱵鱼较瘦，12 月 ~ 次年 1 月期间，日本下鱵鱼会为了度过严寒期而储存营养，体型大、肉质厚，此时的鱼肉才是最为美味的。

本店处理日本下鱵鱼时基本都是用昆布腌渍的办法。从前的寿司店认为醋紧是最具代表性的青光鱼处理方法，会将虾肉松塞入寿司中，但如今为了发挥日本下鱵鱼的本味，会将日本下鱵鱼握成鱼生寿司后加以芥末搭配，或是稍稍用昆布腌渍等做法成了主流。

人们都说日本下鱵鱼有着正宗高级的口感，与牙鲆鱼等白肉鱼相比，其含铁更多、味道更浓。因此处理时不需完全吸收昆布的鲜味，只需用昆布稍加点缀，发挥鱼肉本身的特点即可。让客人感受到日本下鱵鱼的味道在口中散开，昆布的鲜味随后跟上加以陪衬，这种程度的搭配最为合适。具体来说，用"二道昆布"将鱼肉一面腌渍 6 小时即可。要比喻的话，就像在食材上撒了一撮调味料的感觉。

二道昆布与"二道高汤"的意思相同，指的是第二次用于腌渍鱼肉的昆布。一道昆布用于腌渍牙鲆鱼及棘鼬鳚等腌渍程度较强的鱼肉，二道昆布则用于只需稍加腌渍日本下鱵鱼等。

我们选用罗臼昆布。这种昆布的特点是浓鲜，不同于鲜味温和的真昆布和利尻昆布，即便是二道腌渍也可充分提鲜。

◆ 盐紧

◆ 开膛

纤细的日本下鱵鱼在用昆布腌渍前需开膛。切掉鱼头和鱼尾，开膛，除去内脏、中骨和腹骨，去除覆在鱼肉内侧的黑色薄膜。

白板昆布卷渍鲭鱼

小仓一秋（すし処 小倉）

在青光鱼的分类中，与小鳍一样受欢迎的要数渍鲭鱼。人们一般会将青背鱼类制成鱼生寿司，但醋紧是鲭鱼的传统处理方式。鲭鱼的处理方式因店而异，本店会将其与白板昆布搭配。

本店会先用甜醋腌渍鲭鱼，再与白板昆布一起握成寿司。冬季的鲭鱼含油脂较多，正处于最佳食用季节，处理前需先将鱼肉卸分为3块。图中的是『金华鲭鱼』，是从宫城县的金华山海岸捕获而来，那里是日本闻名的优质渔场，这条鲭鱼的体型较大，一条重1千克。

将鲭鱼放入容器中，米醋和砂糖混合成甜醋，浇在鲭鱼上（上图）。甜醋有很强的甜味。根据鱼肉的大小和脂肪的情况控制腌渍时间，腌渍约1小时，完成醋紧。从腌渍的汤汁中取出鱼肉，擦干水分，除去细小的鱼刺，储藏起来（下图）。

▶ 甜醋煮白板昆布

米醋和砂糖混合成甜醋，放入锅中煮沸，加入白板昆布（右上图）焖煮。待再次沸腾后，盖上小锅盖再煮10分钟，使之入味（右图）。将昆布煮至光亮。无需从腌渍的汤汁中取出，直接储存即可。一次腌渍60片昆布。

用富含砂糖甜味的甜醋将鲭鱼醋紧

本店会在握好的醋紧鲭鱼寿司上，搭配用甜醋煮过的白板昆布，这是一种固定做法。大阪名产"鲭鱼模压寿司"是将食材压在木质容器中制成的，二者的食材搭配相同，因此"白板昆布卷渍鲭鱼"也可以称为"鲭鱼模压寿司"的手握寿司版本。煮制后的白板昆布口味酸甜，口感柔软，与鲭鱼的独特风味和厚实口感搭配得很好。

醋紧鲭鱼和白板昆布的主要调味料都是醋，其他调料则因店而异。本店使用的是米醋和白糖调和而成的甜醋，并未添加其他调料，且甜味较重。而一般来说，多数人在醋紧鲭鱼时会使用生醋，即使加糖也是少量。

另外，有些店家用来腌渍白板昆布的汤汁中也不仅仅是醋和砂糖，还会加入稀释过的盐水，所以本店的菜谱可谓是独具一格。甜醋的调配比例是师傅教我的，但腌渍时长则是我自己根据菜品需要慢慢调整出来的。

在醋紧鲭鱼时，如果只使用生醋，那么鱼肉的味道会很酸，这种方法也是可行的，但我想把鱼肉腌制出甜味，这样可以起到中和酸味的作用，同时可以平衡鱼肉的盐味，吃起来更加美味。所以不仅仅是鲭鱼，任何食材在醋紧时，我都会使用略带甜味的甜醋。

我听说，有些店铺在用甜醋煮昆布时，会采用大火快煮的方法，让甜醋迅速进入昆布中，但本店会煮10分钟，把昆布煮到能够轻易掐碎的程度即可。握寿司和压寿司的做法不同，这种柔软度可以使昆布更容易和醋饭融为一体，吃起来更美味。

◆ 甜醋醋紧

◆ 盐紧鲭鱼

在卸分好的鲭鱼肉两面的涂满粗盐，静置一小时左右，待鱼肉中水分除去，肉质变紧后，再用水冲洗并擦干水分。

红肉鱼的处理

白肉鱼的处理

白板昆布卷渍鲭鱼

虾、虾蛄、蟹的处理

乌贼、章鱼的处理

贝类的处理

其他处理方法

稻草烤醋渍鲭鱼

大河原良友（鮨 大河原）

下面介绍的是醋渍鲭鱼的延伸做法,将鲭鱼醋紧后,增加"稻草烧烤"的步骤,握成香气四溢的鲭鱼寿司。稻草烧烤的常用食材是金枪鱼,但"鮨 大河原"从创始之初便一直采用稻草烤醋渍鲭鱼的做法。

图片中的这条鲭鱼钓自东京湾的木更津附近海域。春至初夏时节适宜食用花腹鲭,晚秋至冬季则适宜食用白腹鲭,我会根据季节选取不同的鲭鱼制成寿司。将鲭鱼卸分成3份后拔净鱼刺。

盐紧鲭鱼

将鲭鱼放在铺满盐的托盘上,接着撒大量的盐直至盖过鱼肉,腌渍1.5小时。可根据鲭鱼的大小及油脂含量略微调整腌渍时长。

醋紧

用水冲掉盐分后擦干表面水分,再用米醋腌渍鱼肉(左上图)。让米醋完全浸没鱼肉,腌渍15~20分钟。左下图为醋紧完成后的鲭鱼肉。剥去薄薄的鱼皮,刮去腹骨,接着拔去小鱼刺。

稍加醋紧，在鱼皮上滴少许酱油后烘烤

在寿司的历史中，稻草烤鱼是一种相对较新颖的做法。可用于烧烤的鱼的种类也很多，如鲣鱼或其他鱼皮较硬的白肉鱼，每家店的做法都不同。

本店自创立以来，就坚持用稻草烧烤醋紧后的鲭鱼，烧烤后的鲭鱼鱼皮柔软、香气四溢。稍微加热后，鱼肉会更加鲜美，散发出别样的魅力。尤其是烧烤前，我会在鱼皮上刷一层酱油，这样鲭鱼会更香，而且鱼皮表面会呈现光泽，让客人一眼便产生食欲。

这次我们处理的这条是花腹鲭，晚秋至冬季期间我们会使用这一种类。然而春天至初夏时节，白腹鲭最为美味。两种鲭鱼的味道和油脂量相似，可以采取同样的处理方法。

处理步骤如下：将鲭鱼卸分为3份，盐渍，用水冲洗，放在醋中浸渍，这是基本的醋紧鱼肉的方法。但是与小鲭等鱼类相比，鲭鱼的体型较大，因此鲭鱼的用盐量会更多、盐渍时间及醋紧时间会更长。

只是，最终盐渍及醋紧的程度因人而异。有人会增加腌渍量，使鱼肉呈现浓厚的口感；也有人只会稍稍腌渍。我的做法更接近后者。盐渍鱼肉的平均时长为1.5小时。醋紧时长为15~20分钟。考虑到之后稻草烧烤的环节，我不会在鱼肉上留下过多酸味。

我原想将鲭鱼醋紧后放在稻草上烧烤，之后直接提供给客人。但考虑到鱼肉的烟气容易熏到客人，因此放弃了这个想法。我会在每天营业前将鲭鱼烤好，常温下放置以保持其口味，保证当天提供给客人。

◇ 用稻草烧烤

在稻草烧烤专用桶中放入稻草并点燃，等火焰升起便开始烧烤鱼皮（右上图）。看到烟气升起后，多次将鱼肉翻面，但不要让鱼肉接触火苗，只用烟气熏烤鱼肉即可。根据火势调整鱼肉的高度，烤至鱼肉散发香气。

◇ 用酱油涂抹鱼皮

用铁钎将鲭鱼肉以扇状串起来，在烧烤前，在鱼皮一面淋上酱油。会在烧烤时显出光泽，鱼肉的风味会增加。

醋紧沙丁鱼

石川太一（鮨 太一）

现在主流的做法是将沙丁鱼与生姜和葱一起握成鱼生寿司，但"鮨 太一"会采用独特的手法先将沙丁鱼醋紧再握成寿司。石川太一厨师说"我喜欢鱼肉醋紧后的味道"，同时他也想让更多客人体会到不常见的醋紧沙丁鱼的美味。

选择中等大小（长度在15厘米左右）的远东拟沙丁鱼。大沙丁鱼（20厘米左右）主要用于制作下酒菜。开膛、制成蝴蝶鱼片，除去内脏、中骨和腹骨，将边缘切整齐后准备开始制作寿司。

醋洗第二天、第三天

第二天及第三天需使用醋洗的手法，将鱼肉浸入醋中后马上拿出来。之后像第一天一样将鱼肉放在沥篮中沥干水分，放入密闭容器中，置于冰箱中保管。

3次醋紧后鱼肉状态的对比。从左到右依次是第一天、第二天和第三天的沙丁鱼。可以看到，鱼肉会越来越白且越来越紧致。第三天醋紧完成后，剥去鱼皮，当晚即可握成寿司提供给客人。

醋紧 3 天，每次控制在较短时间

我个人很喜欢醋紧这种手法，所以店里的很多种类的鱼我都会醋紧后再使用。基本工序是：先将剖开成 1 片或卸分成 3 份的鱼肉盐紧，除去水分，再用醋浸渍。当然，要根据鱼的种类、鱼肉的大小和油脂含量等因素调整盐和醋的用量及腌渍时长。

然而，我经过多次实践发现，并不是仅通过调整盐和醋的用量及腌渍时长就能达到我想要的效果。因此我会考虑各种鱼的肉质，在此基础上加以改良。

比如在处理沙丁鱼时，我想出了将沙丁鱼醋紧 3 天的做法。一般来说，鱼肉醋紧一次即可。但沙丁鱼的鱼皮极薄，用醋长时间浸渍则容易脱落，同时鱼肉也会变得很硬。为了解决这个问题，我想到的办法便是缩短醋紧时间，并连续浸渍 3 天，将整个醋渍工程分散开，分次慢慢腌渍。

第一天的浸渍时长为 5~10 分钟，第二天与第三天稍微浸泡后，即可拿出。这种短时多次醋紧的方法可以让醋渐渐地渗入鱼肉中，所以鱼皮不易脱落，而且口感也很松软。虽说鱼肉原本就会经醋渍后变紧，但我的这个方法可以最大程度发挥沙丁鱼肉的柔软口感，同时吸收醋的味道，这个方法是我通过不断摸索才发现的。

这种方法会使脊骨相接处的血合肉变黑，但考虑到风味和口感的提升，这点缺陷也不是什么大问题。这是我研发出的醋紧方法，可将鱼肉和细小的鱼刺变软，还能发挥沙丁鱼本身的鲜味，我感到很满足。

◆ 盐紧

在鱼肉和鱼皮两侧撒盐，静置 20~30 分钟除去水分，使鱼肉更加紧实。之后用水冲去盐分，再用棉布擦干水分。

◆ 醋紧

醋紧的工序需要连续进行三天。第一天需用米醋浸渍 5~10 分钟（右上图）。若鱼肉的油脂较少，则缩短腌渍时间；若鱼肉的油脂较多，则延长腌渍时间。腌制3次后将鱼肉摆放在沥篮中沥干水分（右下图），再放入密闭容器中，置于冰箱保管。

真鲹棒寿司

近藤刚史（鮨 きずな）

棒寿司是大阪和京都的特产，制作时将醋紧好的鱼肉放在醋饭上，用竹帘卷起，再放到木质模具中压制成型即可。本店会在不同的季节使用真鲹（也称平鲹）或白腹鲭压成寿司，作为饭前小菜。

春夏时节可用较大的真鲹（也称平鲹，如图片上部）制作棒寿司。手握寿司则适合用长约15厘米的真鲹（如图片下部），这些多是真鲹的幼鱼，有时也会用黄鲹鱼幼鱼。

◆ 醋紧

醋紧时间为6~7分钟。这种米醋是二道米醋和一道米醋对半调和而成的，每次米醋在使用后都要留下一半，以备下次醋紧时使用。

◆ 将真鲹卸分为3块，醋紧

将棒寿司所用的真鲹卸分为3份。将鱼肉和鱼皮两面稍多撒些盐，腌渍30分钟。冲掉渗出的水分和盐分后擦干表面水分。

◆ 剖开鱼肉

将真鲹放在笸箩上，经半日沥干鱼肉中的醋，用保鲜膜包裹住放入冰箱中静置1天。竖着将鱼肉对半切成两等份后除去鱼骨，剥去鱼皮，将每半块鱼肉对半片开成1片，调整鱼肉厚度，鱼肉长度也切成两半，最后放入模具中压制成型。

用保存下来的醋稍腌渍真鯵，制成棒寿司

棒寿司是大阪寿司文化中不可或缺的食物。为了让客人们能感受到大阪的风格，一餐之中棒寿司一定最先登上餐桌。

最具代表性的棒寿司是鲭鱼寿司，这种鱼在秋冬季极为美味。而从五月开始至夏季，我则会用油脂多又肉厚的大块头的真鯵来制作棒寿司。

处理真鯵时通常会采用盐紧和醋紧的方法，将之前处理真鯵用过的醋与未使用过的醋以1∶1的比例混合，用来醋渍。这样配出来的醋汁可以使用一整个季度。

这是种传统的用醋的方法，可以缓和酸性、使醋紧更温和，鱼肉的味道也会每次慢慢地渗入醋中，醋汁的风味会越来越好。醋紧时间较短，为5分钟。鱼肉静置1天，等酸味均匀遍布鱼肉后再制成棒寿司。

本店会将棒寿司作为下酒菜，因此对处理方法稍稍进行了设计。比如，醋饭是由甜醋、生姜和紫苏调味的，也会在模具中留点缝隙再轻轻压制寿司，以增加寿司的松软口感。此外，白板昆布是由甜醋加酱油煮制而成，鲜味十足，只在营业前放在鱼肉上稍用作调味即可。也就是说，棒寿司是一种做出来就要立即品尝的菜品。

真鯵也可在其最佳食用季节内制成手握寿司，但我会采用不同大小的真鯵及处理方式，以呈现出与棒寿司不同的味道。制作棒寿司时会醋紧大真鯵，但手握寿司只会将小真鯵稍稍盐紧以除去水分。青背鱼类需除去怪味，以更好地与醋饭融合，因此不握成鱼生寿司。处于最佳食用季节的小真鯵油脂多、大小正适合手握寿司、外形也很漂亮。

◆ 选用小真鯵握成寿司

小真鯵也不是直接握成鱼生寿司。需先将其卸分为3份，撒盐静置5分钟，以除去多余水分并使其鲜味浓缩、肉质柔软。用水冲掉盐分和水分，再用冰水收紧鱼肉。在提供给客人前，剥皮握成寿司即可。

◆ 压制成型

将真鯵的鱼皮朝下，铺在压制寿司的专用模具中（右上图）。在缝隙处填上小片鱼肉以保证厚度一致，醋饭中拌入甜醋渍生姜、紫苏和白芝麻后填入模具，合上盖子后轻轻压制，将模具翻转过来后取出寿司（右下图）。覆上花椒芽和甜醋酱油煮过的白板昆布，用保鲜膜包裹起来。

醋紧鲱鱼

渥美 慎（鮨 渥美）

　　鲱鱼生长在北部海域，因此不在传统的江户前寿司食材之列。但如今我们可以轻松购得世界各地的鱼类，便有很多店家也会制作鲱鱼寿司。渥美慎厨师也会给客人提供两种形式的鲱鱼手握寿司。

即便如今捕获量在逐年下降，但鲱鱼在北海道地区还是可以捕到的。鲱鱼的最佳食用季节是春季至初夏时节，有『报春鱼』的别名。图中的鲱鱼长约30厘米。

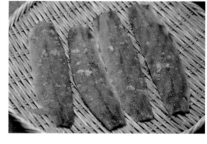

◆ 盐紧鲱鱼

和普通的醋紧手法一样，先切去鱼头，除去内脏，接着将鲱鱼卸分为3份，刮去鱼腹骨，用水冲净后擦干水分，撒大量的盐腌渍约10分钟。

◆ 醋紧

用水冲掉渗出的盐分和水分后擦干。托盘中倒醋，将鱼皮朝下浸渍5分钟，再将鱼肉翻转过来浸渍5分钟，醋紧步骤即为完成。

红肉鱼的处理
白肉鱼的处理
醋紧鲭鱼
虾、虾蛄、蟹的处理
乌贼、章鱼的处理
贝类的处理
其他处理方法

醋紧后切碎鱼骨

每次我在市场上看到鱼，不管它是不是传统的寿司食材，我都会尝试制成寿司。鲱鱼寿司也是如此，我觉得鲱鱼很适合握成寿司，便一直在使用。

原本关东地区并不常吃鲱鱼，吃的话一般会做成昆布卷或是制成甘露煮、抹盐烤鲱鱼等。很少会有客人会吃鲱鱼刺身和醋紧鲱鱼。因此我会说"我试着把鲱鱼握成了寿司"，并提供给客人品尝，客人会觉得这是一种很新奇的吃法，开始和我聊起来。

鲱鱼的肉质很柔软，没有怪味，口感较清淡，并且油脂含量很高，握成寿司也很好吃。我会将鲱鱼同其他青光鱼类一样醋紧，但为了发挥其温和的风味，我会将鲱鱼的盐紧和醋紧时长控制在 10 分钟左右，轻轻腌渍即可。

需要注意的是细小鱼骨的处理。鲱鱼有很多细小的鱼骨，若像其他鱼类一样厚切的话，客人很容易被鱼骨扎到，但若将鱼骨仔细地逐个除去的话，柔软的鱼肉很容易散掉。我便想出一种办法：斜着将鱼肉切成薄片，再将 3 片鱼肉制成 1 贯寿司。这样切断的小鱼骨便可和鱼肉一起吃掉。

我想到的另一种方法是做成拍松鱼肉的样子。不必像处理真鲹一样切得很细，只需将鱼肉垂直切成小块，并切断小鱼骨，不需重新组合，直接按拍松鱼肉风格团成球状，再握成寿司即可。此时要将鱼肉用盐渍樱花叶包裹，这样握成的寿司可以带有樱花叶的香甜气，也可与其他手握寿司相区别。鲱鱼和樱花叶都是春天的象征，二者十分相配。当然，也可将樱花叶换为紫苏叶。

切出3片鱼肉

处理完成后擦干水分的鲱鱼肉。鲱鱼的细小鱼骨很多，若切成与其他寿司食材相同大小，鱼刺容易扎到舌头，因此将鱼肉斜着切成薄薄的小片，以切断鱼骨。3片鱼肉制成1贯寿司。

制成拍松鱼肉的形状，用樱花叶裹住

制成拍松鱼肉风格的鲱鱼寿司。用菜刀垂直切出鱼肉条（右上图）后，将鱼肉随意放在除盐后的樱花叶上（右下图）。放上醋饭后握成寿司，提供给客人时取下樱花叶。鲱鱼肉上还会留有樱花叶的香甜味道。

醋紧香鱼

吉田纪彦（鮨 よし田）

　　江户前寿司是以产自东京湾的海鲜为中心而逐渐发展起来的，其中很少有河鱼制成的寿司。但寿司鼻祖"熟れ鮨"就曾以鲫鱼和香鱼为食材，由此可知寿司和淡水鱼的渊源匪浅。本店常使用香鱼，香鱼寿司也是固定菜品。

我会使用产自京都、福井、和歌山等当地及附近县的野生香鱼（图为产自福井县九头龙河的香鱼）。每年香鱼的产量和品质都有所不同，因此我会视情况选择进货产地。先将活香鱼冰镇起来，再握成寿司。

◆ 制成香鱼蝴蝶片

香鱼冰镇使其失去活力后即可开始制作。除去内脏和鱼头，开膛，制成蝴蝶片，剔除中骨。将腹骨和鱼鳍也一并除去。

◆ 盐紧

用盐稍稍腌渍鱼肉。托盘上撒盐，将香鱼摆放在上面，另一面也撒上少量的盐。静置0.5~1分钟。用水冲洗之后，再用厨房纸巾擦干水分。

◆ 醋洗

香鱼的醋紧与小鳍等其他鱼类相同，使用的是由赤醋（酒糟醋）和米醋混合而成，并浸泡过利尻昆布的醋。将香鱼放入醋中，浸泡1分钟左右后拿出。

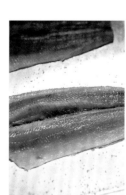

经 1 分钟左右的盐紧及醋紧，捏出带有刺身风格的寿司

香鱼是本店的招牌菜品之一。以盐烤香鱼为首，我们提供很多受客人们喜爱的菜品。我会从渔民那里购入香鱼，也会在放假时亲自去京都及近县地区钓些香鱼回来，香鱼在处理前都活养在店里的水槽中。我认为，要想发挥出香鱼最好的味道、香气和口感，就必须要保持香鱼的"鲜活"状态。

但握制香鱼寿司时，是无法像盐烧香鱼一样在它活蹦乱跳时处理的，我会采取冰镇的手法。这样香鱼可以迅速停止活动，也可以保持鱼肉的品质。

我使用的是小香鱼，处理时像小鲦和沙梭鱼一样，除去鱼头和中骨，再整块鱼肉分解。一般来说，传统的香鱼姿寿司会在鱼肉上撒大量的盐以除去水分，再用醋长时间浸渍以完成醋紧工序。但我想让香鱼在寿司中发挥其原本的风味，只会稍加盐紧及醋紧，大致保持其生鲜状态。香鱼有带骨制成刺身的做法，被称为"背越刺身"，而我在制作这道寿司时就是按照背越刺身的感觉来制作的。撒少量的盐，腌渍 0.5~1 分钟调味，接着用水冲洗干净。之后再用醋浸渍 1 分钟左右。这种方法与其说是"醋紧"，更不如说是"醋洗"。

若在时间允许的条件下，可将鱼肉熟成；若时间条件不允许，则直接握成寿司即可。醋紧和盐紧的强度都很低，并且考虑到鱼肉的质地，我认为没有太大必要熟成。

佐料可只使用芥末，但我还喜欢用辣蓼搭配香鱼。我会放入一些芥末，也会放入一些制作蓼醋所用的蓼叶泥。我还会将自己做的盐渍香鱼内脏放在寿司上加以点缀。

◆ 半日熟成

擦干水分后，将鱼肉放在一张崭新的纸巾上，用保鲜膜盖住，并放入冰箱储藏。我基本会让鱼肉熟成至营业时，但也可直接握成寿司。将鱼肉竖着切成两块，再把每块鱼肉握成寿司。

◆ 剥皮

小香鱼的鱼皮较柔软，可带皮握成寿司。但对体型较大的香鱼来说，醋紧后的鱼皮仍然很硬，无法直接握成寿司，因此需要剥去鱼皮。从香鱼的头部一侧分开皮和肉后剥下即可。

❖ 虾、虾蛄、蟹的处理

焯斑节虾

中村将宜（鮨 なかむら）

　　斑节虾这种食材有着别具一格的甜香味，红白相间的鲜艳外壳更是点缀餐桌不可缺少的元素。中村将宜厨师会将活的斑节虾在63℃的低温下焯水，使其呈现出更好的柔软度、颜色和风味，再握成寿司。

随着斑节虾的生长，人们对它的称呼也会逐渐改变。九州和冲绳县是养殖斑节虾的主要产地，一年四季都出产斑节虾。

◆ 将斑节虾保存在海水中

中村将宜厨师说『将斑节虾埋在木屑中运输易使虾膏变味』，因此他会请人将斑节虾放在充氧海水中装袋运输，在制作寿司前打开密封的袋子，此时的斑节虾还是新鲜的。

◆ 串起来焯水

竹扦沿着腹部外壳内侧插入，将斑节虾串成串，再焯盐水，这样可以避免虾身弯曲。虾背朝下，这样虾黄才能煮到位。放入63℃的盐水中加热7分钟，需用温度计和计时器准确掌控火候与时间。

将 25 克左右中等大小斑节虾放入 63℃的热水中焯 7 分钟

斑节虾的魅力在于其独特的甜味和香气。斑节虾焯盐水后便可握成寿司，但这道看似简短的工序中藏着许多要点，如能掌握，便能更好地发挥出斑节虾的风味。

首先是对食材的挑选。本店中只有斑节虾是养殖海鲜，其主要产地是熊本县、鹿儿岛县及冲绳县，那里有着精良的养殖技术，因此养殖斑节虾的品质不逊于野生斑节虾，并且供货稳定，我很喜欢。

我会使用重 25 克左右的中等大小斑节虾。大家可能会觉得使用大斑节虾及特大斑节虾是最好的，但用来制作寿司的话，这种斑节虾显得过大，且虾肉偏硬，不易与醋饭搭配。大斑节虾的味道也较为平淡，不够细腻。而重 20~30 克的斑节虾甜度最高，同时柔软的肉质与醋饭最为相配。

本店在运送斑节虾时，会将其放在盛有充氧海水的塑料袋中运送过来，我们称这种塑料袋叫"气球"。从前使用的"木屑密封"的运输方法易使虾肉粘上木屑的味道，如今的方法很好地避免了这种情况，并可保持斑节虾鲜活。

要想让斑节虾呈现出良好的成色和味道，就要将鲜活的斑节虾焯盐水再迅速握成寿司。本店不会先将斑节虾焯水再冷藏保存，而是在提供给客人之前一直放在海水袋中保持鲜活。

很多人会用沸水焯斑节虾，但我摸索出一种方法，即用 63℃的热水焯 7 分钟。因为当水温达到 63℃时，鱼肉中的蛋白质就会开始凝固。重点在于掌控好虾肉从"生"到"熟"的时机，断生后迅速捞出，剥去虾壳并握成寿司。这一步未用沸水，因此不必将虾肉放入冰水中降温。

这种低温处理可以说是将虾肉的温度、柔软性和味道都发挥得绝佳。

◆去壳

焯水后的斑节虾呈鲜艳的红色（右上图）。无须用冷水浸泡，焯水后直接趁热剥去虾壳再握成寿司。由于加热温度较低，虾膏处于半凝固状态，容易散开，因此剥壳时要注意不要让虾膏流失。

◆切刀花

从虾腹一侧将斑节虾竖着开膛，切去尾部，方便客人将整个虾吃掉。虾背部与肌肉垂直方向切开 5~6 道刀花后迅速握成寿司。

醋蛋肉松斑节虾

岩濑健治（新宿 すし岩濑）

斑节虾一般是盐水焯过后直接握成寿司，但也有人将由含醋的蛋液炒成的"醋蛋肉松"撒在焯好的虾肉上。醋蛋肉松的微酸味和醋饭很相配，亮黄色也起到点缀的效果。

我会选择『与寿司大小相匹配且虾膏较多』的斑节虾来制作寿司，这样的斑节虾大多长14厘米、重20克左右。

原料为一整个鸡蛋和醋。将鸡蛋液与醋混合，过滤掉鸡蛋液中的疙瘩（右上图）。将锅烧热后加入色拉油，倒入鸡蛋液后，用打蛋器不断搅拌加热（右下图）。加热约15分钟后，鸡蛋液会变成松软的粒状，接着搅拌以炒去水分（上图）。

◆ 醋蛋肉松裹虾肉

在握成寿司前，用蒸锅稍微加热，剥去虾壳后，在虾肉两面撒上醋蛋肉松。与主要调料为赤醋的醋饭一起握成寿司。

裹上松软湿润的醋蛋肉松

本店会将斑节虾和春子鲷制成"醋蛋肉松"寿司。这两种海鲜是醋蛋肉松的传统搭档，配合出的味道很好。

虽说斑节虾和春子鲷都是与醋蛋肉松搭配，但二者裹法不同。春子鲷需在醋紧后用醋蛋肉松包裹2小时左右，而斑节虾则是焯水后裹上醋蛋肉松即可直接使用。若长时间包裹腌渍的话，醋蛋肉松会吸去虾肉中的水分，斑节虾肉会变干。春子鲷被盐和醋腌渍过，不会再流失水分，再用醋蛋肉松腌渍后，鱼肉会很好地吸收醋蛋肉松的味道。

制作醋蛋肉松的原料是一整个鸡蛋和米醋，制成后可品尝到鸡蛋微微的甜味和米醋的微酸味，但一些店家也会再加入少量味淋，使醋蛋肉松的味道偏甜一些。

醋蛋肉松比炒鸡蛋更干燥，需将鸡蛋炒成沙子一样细小的粒状粉末，唯一的诀窍在于火候的调整。若火候太小，则耗时较长，且水分流失过多，肉松粒会变得太干；若火候太大，蛋松变成焦褐色，且鸡蛋会迅速结块，无法制成细碎的粒状。因此保持合适的火候是极为重要的。

当炉子放在墙边时，热气容易向墙边一侧聚集，因此要不断调整锅的方向，让蛋液均匀受热。制成的醋蛋肉松要像虾肉松一样表面蓬松酥脆，吃一口却又能感受到鸡蛋的汁水。这种美妙的口感也是醋蛋肉松的魅力所在。

斑节虾则要放在沸水中焯水，中间部位的虾肉断生后带壳放入冰箱内保管。使用时，用蒸锅适当加温后去壳，撒上醋蛋肉松之后制成寿司即可。

红肉鱼的处理

白肉鱼的处理

青光鱼的处理

醋蛋肉松斑节虾

乌贼·章鱼的处理

贝类的处理

其他处理方法

◆制作醋蛋肉松

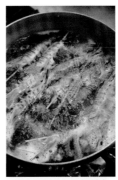

◆盐水焯斑节虾

从虾壳内部竖直插入竹扦，这样虾身便不会在加热时弯曲。在沸腾的热盐水中煮约3分钟，将中间部位的虾肉也煮熟（右图）。接着迅速放入冰水中，这样虾肉便不会在余热下过熟，接着拔掉竹扦冷藏保管。

昆布腌白虾

太田龙人（鮨処 喜樂）

说到江户前寿司中的虾，人们首先想到的是斑节虾，但如今也有很多店家会将日本长额虾、红虾（北方长额虾）、白虾及本地特产的虾等握成寿司。下面为您介绍用昆布薄片腌渍的白虾寿司。

这是只能在富山湾捕到的白虾。春季至秋季为捕捞季，但白虾可以常年买到。像它的名字一样，白虾全身雪白，虾肉长约2厘米。我购入的是原产地剥好的虾肉。

将昆布薄片和白虾紧紧包裹在一起，放入冰箱静置4~5小时。在条件允许的情况下，可腌渍整晚，让昆布的风味融入白虾中。『鮨処 喜樂』店里会使用一个方形的托盘，上面放着沥水篮，再用环形橡皮筋将两者固定住（右上图）。注意不能强压，否则虾肉会碎掉。右下图为工序完成时的样子。

◆ 切开，握成寿司

将托盘翻转过来，让虾肉置于砧板上，再用菜刀切开虾肉。先切成4等份（右图），再按照1贯寿司的大小各切成5等份（左图）。一般情况下，我会将4等份的虾肉用保鲜袋包裹起来，放入冰箱中并冷藏起来，接到客人的订单时再切成5等份，握成寿司并提供给客人。

用于昆布腌白虾的昆布薄片。昆布表面为黑色，中间是白色，我们使用的是中间的黑白相间的削薄后的昆布。一般认为昆布白色的部分更加高级，但『过软的昆布用起来不顺手』，太田龙人厨师说道。

纤肉鱼的处理

白肉鱼的处理

青光鱼的处理

昆布腌白虾

乌贼·章鱼的处理

贝类的处理

其他处理方法

源于白虾的产地——富山的固有搭配方法

本店除斑节虾外，也会常备些白虾。日本人喜食虾，尤其是鲜虾。斑节虾的做法通常为焯水后握成寿司，那么另一种可以新鲜握成寿司的，就是白虾。白虾的风味很好，并且是日本固有的虾，只能在富山湾打捞上来，它的稀有也使其更具吸引力。

我会购入剥好壳的白虾。白虾比樱虾稍大些，也是一种体型很小的虾，因此很难剥壳，小型寿司店根本无法完成。

实际上，市面流通的白虾多是在产地剥好壳的。听说虾的剥壳方法与虾蛄相同，事先将白虾整个冷冻，这样剥壳的时候虾肉不容易破碎。白虾在产地捕捞上来之后会冷冻储存起来，出货之前再剥壳，因此可以做到常年供货。判断虾肉的品质时，要挑选水分合适、身形整齐、虾肉有弹性的白虾。

薄昆布（日文为胧昆布）腌白虾是产地富山的流行吃法。昆布薄片包裹住白虾并腌渍一晚，柔软的薄昆布便会嵌入虾与虾的空隙中，昆布的鲜味、咸味以及昆布薄片特有的醋味会渗入虾肉中，衬托出白虾高级的甜味。这种做法无需其他调料，仅用昆布薄片调味即可。一般的硬昆布很难使小型虾入味，因此昆布薄片和白虾的组合堪称完美。

白虾可以直接握成寿司，本店也有提供。此时需搭配盐渍昆布碎，也可能只简单地刷上煮制酱油调味。

◆ 用昆布薄片裹白虾

在托盘内铺上保鲜膜，以便之后取出虾肉。先将一块昆布薄片平铺在托盘上，再铺一片薄昆布（右上图），再满满铺上一层白虾（右下图）。最后用保鲜膜包裹好。白虾不宜铺得过厚，也不可过薄，以握寿司时需要的厚度为标准即可。

◆ 放置几小时入味

虾蛄的处理

一柳和弥（すし家 一柳）

虾蛄是春季至初夏时节不可或缺的寿司食材。虽说秋季也可以捕到虾蛄，但虾蛄的产籽高峰期在春天，人们认为带籽虾蛄很珍贵，春天便被视作虾蛄的最佳食用季节。雌性虾蛄和雄性虾蛄都可以在市面上买到，但二者的选择因店而异。

初夏时期的虾蛄也很美味。我会成对购入雌性虾蛄和雄性虾蛄，这些虾蛄被打捞上来之后，会立刻在原产地的海边完成焯水的步骤（图片的左半部分是雌性虾蛄，右半部分是雄性虾蛄）。雄性虾蛄的特点是虾钳较粗，而雌性虾蛄带着虾籽，因此虾身较厚。我们可在腹部的虾尾附近看到部分虾籽。

剥掉雄性虾蛄背部的虾壳，除净虾肉上的白色油脂（右图）。用煮制酱油腌渍半日后（下图）握成寿司。煮制酱油由酱油、酒、味淋、砂糖和水煮沸后冷却而成。

雌性虾蛄烧烤后制成下酒菜

将雌性虾蛄的背部虾壳朝下，稍加烧烤（右图）。剥去虾壳并抹上酱汁，制成下酒菜（下图）。虾钳肉也可用来制作酒前小菜。

将"岸边焯水"的雄性虾蛄用酱油腌渍后握成寿司

若是客人没有特别要求的话，本店会用雄性虾蛄制作寿司，雌性虾蛄则制作下酒菜。因为雄性虾蛄的肉质较软、没有虾籽块，握成寿司时，柔软的虾肉与醋饭的搭配很好，能更好地展现虾肉的美味。

雌性虾蛄虾籽的味道和口感都过于强烈，握成的寿司吃起来有很强的颗粒感，与醋饭搭配起来并不调和。因此，将雌性虾蛄单独用来制作下酒菜则更能体现出其美味。

一般来说，虾蛄都是在产地打捞上来之后，直接在海边焯水之后，才卖给我们。市面上也有"活虾蛄"，但若在运输中无法妥善管理的话，虾蛄会分泌出酶，使虾身溶化，剥下虾壳来才发现虾肉变瘦了。确实，与这种高风险的做法相比，还是在捕捞后立即焯水的做法更安心。只是，即便都是在海边焯水的虾蛄，其质量也会有差异。这与虾肉原本的品质、焯水的时长及焯水方法等有关，因此我们必须仔细分辨。

品质较好的虾蛄，虾身有张力且虾肉厚实，与身长肉薄的虾蛄相比，身短肉厚的虾蛄的口感更好，味道也更鲜。足够新鲜的虾蛄在焯水后，味道足够鲜美，可剥去虾壳后直接握成寿司。多数虾蛄则是如图所示，需在酱油底的汤汁中腌渍半日，使其更有味。

握成寿司之后的调味方法，也要根据虾蛄的状态和客人的喜好等，从煮制酱油、酱汁和盐中挑选一样使用。在处理虾蛄时，还要视情况调整虾肉的温度，是常温处理，亦或是炙烤加热，都需要随机应变。虾蛄这种寿司食材，要比虾肉更鲜美、其美味程度一试便知。

◆雄虾蛄用煮制酱油腌渍后，制成寿司食材

◆剪掉虾蛄的头和足

剪掉雌性虾蛄和雄性虾蛄的头，从尾肢根部伸入剪刀。顺着虾身的倾斜程度适当调整剪刀的角度后剪开，再剪掉虾足。剪去虾尾尖，除去腹部的薄壳后储存起来。

盐水焯香箱蟹

山口尚亨（すし処めくみ）

　　雌性松叶蟹在北陆地区称为"香箱蟹"，山阴地区则称为"势子蟹"，是一种高级螃蟹。它有两种蟹籽，分别称为"外籽"和"内籽"，因此十分珍贵。寿司店制作时多会将蟹肉填满到蟹壳里，但也有店家会制成手握寿司或什锦寿司。在北陆经营着寿司店的山口尚亨厨师将会为我们讲解香箱蟹的处理及水煮方法。

现在，本店购入的是产自福井县越前町的松叶蟹。新鲜松叶蟹的蟹壳为橙褐色，有一些透明感。并且，根据山口尚亨厨师的介绍，『蟹身较圆、蟹腿较长的为优质松叶蟹』。

◆ 水洗松叶蟹

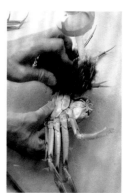

松叶蟹在购入后要立即处理，以防发臭。边冲水边用刷帚使劲擦掉蟹壳两面、蟹脚和蟹嘴周围的泥土等污渍。轻轻打开内侧的蟹壳，除去黑色的排泄物。

◆ 焯水

焯水可以除去水洗时未能除净的污垢和黏液。按1％的比例在沸水中加入盐，浸泡约5秒钟。

◆ 再次水洗

迅速将松叶蟹放入水中以隔绝余热。再次冲水，用刷帚擦去污垢，确保在最后进行水煮时，蟹身没有污垢残留。

准确加热蟹黄、蟹籽和蟹肉

烹调松叶蟹的重点在于不能带出其腥味，同时要对外籽、内籽及蟹黄准确地进行加热。

为了没有腥味，必不可少的是在螃蟹刚打捞上来之后，趁新鲜加热。因此多数螃蟹会在港口附近完成"岸边焯水"工序，较远地区便只能购入焯水之后的松叶蟹。而本店离产地较近，可以购入活的新鲜松叶蟹，早晨在店中处理即可。

螃蟹可以通过"水煮"和"清蒸"这两种方法加热，但我认为水煮更为合理。清蒸时，蟹肉的香味成分易溶入水蒸气中挥发掉，而水煮的话蟹的香味会溶入汤中，再重回到蟹肉中。蟹黄的鲜味和油脂的甜味也是如此，它们会融进蟹肉和外籽中，完美地发挥其风味。

水煮时用的水很重要。海鲜与自来水中的矿物质成分产生反应后会发臭，所以本店会用净水器除去自来水中的矿物质，提取出"纯化水"使用。

最重要的是水煮的方法。要注意控制温度和时间。雌性松叶蟹和雄性松叶蟹不同，与蟹肉的火候相比，掌握蟹黄和蟹籽的火候更为重要，需要思考怎样才能达到最佳黏稠度和柔软度，这样才能发挥出松叶蟹的鲜美。

我的方法是将蟹壳向下放入沸水中，煮2分钟使蟹黄凝固。之后降温至80～85℃慢慢加热内籽和蟹肉。这一步可调整蟹黄和蟹籽的受热平衡。最后将螃蟹翻转过来并稍微加热外籽，水煮就完成了。

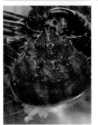

◆ 水煮

在没过蟹身的沸腾纯水中加盐（盐分浓度为1.7%），蟹壳朝下放入水中（如上图）。用锡箔纸盖住焯水2～2分钟半，后将温度降至85～80℃煮6～8分钟（如左上图）。最后翻转过来加热外籽，煮1分钟左右。若是要第2天提供给客人的话，考虑到盐分会慢慢渗透进蟹肉内，盐水浓度应调整为1.6%。

◆ 放在笸箩中沥干

将松叶蟹的蟹壳朝下，放置在笸箩上，开店前在常温状态下保存。可将处理后的蟹肉塞入蟹壳中作为下酒菜，也可与醋饭混合制成『松叶蟹什锦』。

虾肉松

杉山 卫（銀座 寿司幸本店）

鱼肉松是将虾和白肉鱼的肉糜甜炒煮制而成的。尤其是黄新对虾制成的虾肉松呈美丽的浅红色，最为上乘。除了做成寿司卷和什锦寿司外，也可以单独或者搭配着其他鱼类制成手握寿司。

用来制作虾肉松的黄新对虾（产自熊本县）。也有将白肉鱼和其他虾混合制成虾肉松的方法，但『寿司幸本店』只会用风味和颜色皆为上乘的纯黄新对虾制作虾肉松。

◆ 用味淋煮制黄新对虾

除去虾头、虾壳和虾线，将黄新对虾的虾肉放入味淋中加热，煮滚一次后，虾肉变为粉红色，即可置于笸箩中沥干水分。此时的虾肉还是半熟状态。此时锅中的汤汁还会用于炒煮。

◆ 在研钵中研成肉糜

虾肉趁热放入研钵中搅成肉糜。先将虾肉压碎（右图），再细磨成泥（左上图），最后碾压（左下图）成顺滑的糊状即可。这一步是制作出蓬松的肉松的前提。每次处理的虾肉重量在2~3千克之间。

"清爽湿润"的理想虾肉松

虾肉松的制作方法是从上一代店主那里原模原样学到的，配方和制作方法都是正宗的传统江户式。将这种传统方法传给年轻一代也是我们老店的使命。

虾肉在研钵中磨成肉糜后放入锅中炒成肉松，整个过程耗时为 1 小时左右，是道繁琐的工序。可以用料理机代替研钵以简化工序，但用刀具"剁碎"和用用木槌"捣碎"后的虾肉质地还是有所不同，制成的肉松的颗粒大小和柔顺程度也不同。费些功夫才能做出味道和口感更正宗的肉松，因此我一直坚持使用这种方法。

本店只用黄新对虾来制作虾肉松。黄新对虾在甜度、鲜度、香味、柔软度和颜色等所有方面都是最上乘。考虑到虾肉的质量，即便是价格较高，我也是可以接受的。

若制成的虾肉松颗粒如沙子一样细碎，看起来很蓬松，但每一粒都是湿润松软的状态，那这便是合乎理想的虾肉松。用味淋和砂糖制成的甜汤汁和虾肉糜搭配在一起，用橡胶铲多次混合、切分、压制以除去水分，炒成颗粒状。过程中稍一停铲虾肉就会结块或是变焦，所以一刻也不能停歇。在除去水分的同时，让颗粒状的肉松中保留些湿气，这需要足够熟练才能控制好手感。

虾肉松可与昆布腌白鱼肉、醋紧小鳍、醋紧春子鲷等配合握成寿司。在偏咸的寿司食材上添加些甜肉松，这样甜味和咸味可以均衡搭配。本店也会用肉松制作军舰寿司，但单独用虾肉松握成寿司也是标准的江户前制作方法。轻轻握制即可发挥虾肉松的黏滑口感，凸显其美味之处。

◆ 将汤汁、砂糖和蛋黄混合

沥出部分煮制黄新对虾的汤汁放入锅中，加入砂糖并加热至即将沸腾的状态。放入虾肉糜，搅拌使其与汤汁融合。关火后放入蛋黄搅拌，使虾肉糜的颜色更鲜亮、味道更醇厚。

◆ 炒制虾肉松

开火，反复用橡胶铲"搅拌、切开、碾压"以除去水分并慢慢炒成颗粒状。大块的肉松颗粒要一点点碾碎成小粒肉松。

加工到后半程，可离开灶头颠锅，一边不断地小火搅拌一边碾碎肉松。当虾肉变得蓬松且粒粒分明后，盛出铺在浅托盘中冷却。冷藏中可保存4天，冷冻可保存一周。

❖

乌贼、章鱼的处理

拟乌贼的处理

中村将宜（鮨 なかむら）

以往的江户前寿司中，说到乌贼，指的就是酱油味的煮乌贼，而如今生鲜乌贼才是主流。乌贼的代表种类有莱式拟乌贼、墨鱼（金乌贼）、长枪乌贼、太平洋斯氏柔鱼。这里解说的是用于制作寿司的莱式拟乌贼的处理方法。

拟乌贼是乌贼中风味最强、肉质最厚、口感最黏滑的一种。被称为『乌贼之王』，制成刺身和寿司都非常受欢迎。

切出刀花

接下来，在乌贼册的两面斜切出刀花（上图）。宽约2毫米，深度超过乌贼肉厚度的一半，切细切深即可。接下来，从一端斜片成薄片，用于握制寿司。此时也要在切口一面切出细细的刀花。

片除较硬的乌贼肉

外侧的乌贼肉较硬，因此用刀削除厚约1毫米的乌贼肉，只用剩下的柔软乌贼肉制成寿司。个头较小的拟乌贼肉比较柔软，可以省略掉这一步。

将熟成后的乌贼肉竖切成册。从拟乌贼的大小来看，可切成3~4块。

熟成后，在两面切出既深又细的刀花

拟乌贼是最能体现乌贼的美味之处的。当人们细细咀嚼厚厚的乌贼肉时，可以感受到黏滑的口感，以及类似于甜虾的厚重甜味和鲜味。也有人说拟乌贼的肉质要比墨鱼硬，略显瑕疵，但我在预处理时下了功夫，将其制成肉质柔软、风味浓厚的寿司食材。

其中一项便是"熟成"的工序。一条拟乌贼分解开并剥皮后，我会依次用厨房用纸、脱水巾和保鲜膜将其包住，放入冰箱熟成 2 ~ 3 天。刚分解好的新鲜乌贼肉质较硬，但静置一段时间后，乌贼肉会变软，甜度也会增加。

熟成完成后，将乌贼肉竖着切成 3 ~ 4 册。人们一般会将乌贼肉斜片成 1 贯寿司的大小后，切出 2 ~ 3 处刀花，或是通过细切破坏肌肉组织，使乌贼肉质变软，再握成寿司，但我使用的并不是这两种方法。

首先，在将乌贼切册时，我会用刀从乌贼发硬的一面片去约 1 毫米厚的肉。接着在剩下的乌贼肉两面切出宽约 2 毫米的细刀花，刀花的深度要超过乌贼肉厚度的一半。从正反两面深切出刀花，可以完美地切碎乌贼肉的强韧纤维，乌贼肉会变得更软。接着斜片成 1 贯寿司的大小，单面刀口处再切出细细的刀花即为完成。

这种方法做出来的乌贼肉看起来很像菊花芜菁，不仅可使肉质变柔软，还能使乌贼肉在口中迅速与醋饭混合，产生更多的融合感。此外，多道刀花可以使鲜甜味大量溢出，让客人享受到乌贼的风味。我会在其他各种食材上切细刀花，也是这个道理。我自己也对比了多种做法，品尝过很多种味道，才决定使用这种做法。

◆ 拟乌贼剥皮

先从外皮一侧的下刀，将乌贼切开，除去乌贼腕和内脏。切口处的乌贼皮会翘起，因此可一口气剥下整块乌贼皮。可以从上至下将厚薄两层皮连同两边的鳍一起撕下（右上图）。乌贼的内侧膜较薄，用拧紧的毛巾擦去即可（右下图）。

◆ 熟成

图为朝上一侧的乌贼肉切掉两端较硬的部分，修形后的样子。关键的一步在于用厨房纸巾和脱水巾包住乌贼肉，放入冰箱冷藏2~3天熟成。熟成后的乌贼肉会更加甜美，肉质更柔软。

◆ 切册

煮乌贼

油井隆一（㐂寿司）

如今，生鲜乌贼的受欢迎程度已超过煮乌贼，但油井隆一厨师说："生鲜乌贼也很鲜美，但煮熟后的乌贼更有着独特的风味。"因此他一直将煮乌贼用于制作寿司。接下来为您解说江户前的传统手法，也会提及在煮乌贼中填充醋饭的做法，我们称之为"乌贼印盒"。

在『㐂寿司』店里，用于煮制乌贼种类随季节而变。秋天至初冬使用白乌贼（即剑尖枪乌贼，日文写作『剑先乌贼』，在某些产地也称红乌贼）。我会使用躯干长约15厘米的体型偏小的乌贼。

◆ 清洗白乌贼

扯出乌贼的足、内脏和软骨，一边水洗躯干一边用手指尖抹去表皮的薄膜（上右图）。躯干两边未除去的表皮需用湿毛巾擦掉，直至躯干的颜色呈现雪白色（上左图）。

◆ 煮乌贼

将酱油、酒、砂糖、鲣鱼高汤和水混合，煮滚后放入乌贼（下右图）。盖上木盖子，将乌贼翻面3~4次，快煮（下左图）。煮制时长为1~2分钟。

大火快煮，将柔软的乌贼肉煮出风味

煮乌贼用于寿司和下酒菜中都是很美味的，因此本店会整年提供。体型较小、肉质较软的乌贼更适合煮制。每个季节都有合适的乌贼，所以我会应季更换品种，常年制作煮乌贼。

具体来说，秋季至初冬时节使用白乌贼，新年至初春时节使用长枪乌贼，晚春至夏季使用麦乌贼（太平洋斯氏柔鱼的地方称呼）。图片中的白乌贼与其他两种乌贼相比，其肉质更厚，因此口感会更好，可以很好地发挥自身的鲜甜味。

煮乌贼时只使用其躯干部分，剥皮后用酱油快煮。有人说乌贼有 3 层皮，但我选择的乌贼皮本身很软，煮制过程中，乌贼皮还会变软，因此只剥掉第 1 层乌贼皮就可以了。若要剥去第 2 层皮，就在将乌贼肉切成寿司所需大小时，从乌贼肉的一端切出刀口，即可轻易剥去第 2 层乌贼皮。

最重要的是，为了防止乌贼肉变硬，不可煮制过度。既要发挥乌贼的风味，同时也要保证乌贼肉与醋饭的口感融合，最重要的就是要保留乌贼的顺滑弹软口感。乌贼会告诉你煮制完成的信号。当加热的乌贼身形开始变圆，就要立刻将乌贼从水中捞出来。与其说是"煮乌贼"，不如说是用大火煮干汤汁，让乌贼吸收汤汁的鲜味。

我们可以将煮乌贼切成寿司所需的形状后握成寿司，也可以在乌贼中塞满醋饭后制成"印盒"。将醋饭与葫芦干、甜醋姜片（用甜醋腌渍的生姜片）、海苔和日本柚子皮碎混合。注意不能填充太多的食材，馅料要搭配得简单些，这样才能衬托出乌贼的鲜美。人们都说这才是乌贼印盒的正确做法。

◆ 切成寿司食材

将乌贼竖着切成2块，再斜着切成大小可与醋饭完美搭配。较大的乌贼可以将两侧形状及大小可与醋饭完美搭配。较大的乌贼可以将两侧的乌贼鳍切去，再切成4块大小相同的乌贼肉。将乌贼肉背面开花刀，接着在内侧的乌贼肉上放上擦碎的日本柚子皮，即可握成寿司。

◆ 静置于笸箩中

沥净汤汁后，将乌贼肉放在笸箩上冷却。静置期间余热会进入乌贼肉中，因此汤汁中的煮制时间不宜过长。放入冰箱中储存，营业前拿出并恢复至常温。要观察乌贼身体的白色程度来调整煮制时间。

乌贼印盒—①

青木利胜（銀座 鮨青木）

　　室町时代❶，人们将盛放印章和印泥的容器称为印盒，江户时代的印盒则用来盛放药材。由于将食材的中心部分或内脏除去后塞满馅料的样子很像印盒，便得名印盒料理。油炸豆腐寿司也是其中的一种，但说到寿司中最具代表性的印盒料理，那当然是在煮好的乌贼中塞满醋饭的乌贼印盒。

身形细长的长枪乌贼和太平洋斯氏柔鱼比较适合制作乌贼印盒。躯干长15厘米的乌贼处理起来最为顺手。青木利胜厨师会使用冬季上市的带籽长枪乌贼。

◆ 制作醋饭

将用于握制寿司的醋饭与多种食材混合后，塞入乌贼躯干中。本次的食材有：煮乌贼腕、甜煮冬菇、醋藕、白芝麻、紫菜碎（右图）。大块食材需切丁，与醋饭一起拌匀（左图）。

煮去酒精的酒加入粗粒砂糖和酱油后，煮10分钟左右，直到汤汁带有一些黏稠感。加入粗粒砂糖可使汤汁多些清爽的甜味。先煮乌贼腕，煮熟后捞出（右上图）。再将躯干部分放入，待汤汁再次沸腾后立刻捞出（右下图）。

◆ 将醋饭填入乌贼躯干中

将拌匀的醋饭塞入乌贼躯干。稍用力握一握，乌贼身形稍鼓时醋饭的量就差不多了。稍微切去乌贼的尖端，排出空气，并整理好乌贼的形状。将制好的乌贼印盒切成圆片状，方便客人食用，最后撒上擦碎的日本柚子皮以增强香气。

❶ 指1336—1573年，是日本史中世时代的一个划分，名称源自于幕府设在京都的室町——出版者注。

用寒冬时节的带籽乌贼制作印盒

　　手握寿司在江户时代确立了地位，乌贼印盒寿司也是从那个时代流传下来的传统寿司，然而我们现在或许只能在老店里品尝其味道了。乌贼煮过后，用什锦醋饭填满躯干，其味道类似于粗卷寿司，有着与手握寿司不同的乐趣。

　　我一般会用长枪乌贼和太平洋斯氏柔鱼来制作乌贼印盒。我每次都会处理一条乌贼，因此肉质较薄、形状和大小适中的乌贼较为合适。图片中展示的是不带籽的乌贼，但本店通常只使用带籽乌贼制作印盒，并且会选择刚带籽的乌贼，因此只在12月至次年2月期间提供。将乌贼带籽煮过后，会增强乌贼的黏稠口感，也能提鲜。

　　乌贼腕可用于制作下酒菜和散寿司饭，也可以按照上面介绍的那样，将乌贼煮好后切成细条，再与醋饭混合，制成印盒的馅料。先煮乌贼腕，让乌贼的风味融入汤汁中，接着捞出乌贼腕，同时放入乌贼的躯干部分，再稍加煮制后，乌贼的风味会发挥得更好。

　　不能将乌贼肉煮得过硬，因此汤汁要预先烧制10分钟，待其味道浓缩后，再放入乌贼腕，煮熟后就拿出。放入躯干部分，汤汁沸腾后立刻捞出来即可。躯干部分的乌贼肉尤其薄，因此需不断晃锅让汤汁完全包裹住乌贼肉。乌贼籽是半熟状态，无法长时间保存，但静置1日方可入味。

　　醋饭与乌贼腕、甜煮冬菇、醋藕、海苔、白芝麻、干葫芦丝、甜醋姜片（甜醋腌渍后的生姜）等食材混合后塞入乌贼躯干中。要将酿好并切分好的乌贼印盒立即提供给客人，这样乌贼与醋饭才不会发黏，客人才能享受到松软美味的乌贼印盒。

◆ 清理长枪乌贼

从长枪乌贼的躯干中拔出乌贼腕、内脏和软骨，处理时要保留乌贼躯干部位的鳍和外套膜（右上图）。将内脏和墨囊与乌贼腕切分开，除去眼和嘴，切下乌贼腕前端的尖细部分。触腕上的吸盘也要清洗干净（右下图）。

◆ 煮乌贼腕和躯干

乌贼印盒—②

安田丰次（すし豊）

这里介绍与108页采取不同做法的乌贼印盒。产卵前的长枪乌贼有着较大的卵巢，焯水后，将卵巢和醋饭交替塞入躯干中，制成乌贼印盒。安田丰次厨师在东京做学徒时学到了这种方法，如今已经连续制作40年了。

一般来说，枪乌贼的最佳食用季节在秋季至冬季。安田丰次厨师在制作乌贼印盒时，会使用春季至初夏时节快要产卵的枪乌贼。选择躯体带透明感、眼睛呈澄澈黑色的乌贼。

◆ 取出卵巢

取出乌贼的卵巢。乌贼的身体收缩后，卵巢会紧贴在躯干中，因此需将较尖的金属长筷子插入躯干（右图）后，取出整个卵巢。右下部图片为乌贼的卵巢，白色部分是起支撑卵巢作用的「抱卵腺」部位。

◆ 将卵巢分为大小相等的3份

需将卵巢切成大小相等的3份，才能与醋饭轮流塞入躯干中。最左边部分为卵巢，中间部分为卵巢和抱卵腺的交汇处，最右边部分为抱卵腺。各个部分的口感和味道都不同。

◆ 长枪乌贼焯水

使用带籽的雌性枪乌贼。雌性的体型较小，长约15厘米（除去乌贼须之后），除去乌贼须、乌贼头、内脏、墨袋和软骨后用盐水焯3~4分钟（上图），接着放在笽箩上冷却（下图）。再放入食材箱中储存。

在长枪乌贼的躯干中塞入馅料，再烧烤

　　说到印盒寿司，人们会想到像制作什锦寿司饭一样，将醋饭、干葫芦条、甜醋姜片（用甜醋腌渍后的生姜）、紫菜碎等拌匀后，塞入酱油煮过的乌贼躯干中的做法。但我在东京的江户前寿司老店中学到的方法是，直接将焯过水的乌贼籽和米饭轮流塞入躯干中，而不加其他食材。

　　乌贼籽由两个部分组成，细长的黄色卵巢块，与乍看像是鱼白的白色抱卵腺连接在一起，将乌贼焯水后，取出乌贼籽并切成 3 等份，再轮流与醋饭塞入躯干中。

　　枪乌贼的黄色卵巢富含颗粒感，如同短章鱼焖饭中的饭粒一样；抱卵腺则既黏滑又柔软，口感与鱼白相似。品尝乌贼籽的不同部位时，获得的口感也不尽相同。以前的人们便将这种富于变化的口感比作装着各种药的印盒。

　　虽然如今我用长枪乌贼来制作乌贼印盒，但我在东京做学徒时，曾使用过 5～6 月份打捞上来的麦乌贼（太平洋斯氏柔鱼的方言）。这种乌贼因捕捞于麦穗最饱满的时节而得名，是关东地区独有的叫法。本店将印盒和麦乌贼的称谓结合在一起，稍加润色，得出"麦乌贼印盒"的菜名。

　　我平时会购买产自濑户内海地区的长枪乌贼，有时也会选择从伊势湾和若狭湾打捞后运到大阪市场的长枪乌贼，不同地区的乌贼捕获期也各不相同。在以 5、6 月份为中心的半年内，都可以买到产籽前的乌贼，这时的乌贼籽都很丰满。

　　我制作乌贼印盒时，不会用酱油煮乌贼，而是带皮将有卵的躯干用盐水焯煮即可。当馅料塞满躯干部分后，用火烧烤，再涂上熬好的酱汁，调味工序即为完成。我认为乌贼籽和醋饭的口味极为细腻，为了保持这两种口味间的和谐，乌贼肉无需调味过重，因此我采取了这种方法。

◆ 卵巢和醋饭轮流塞入

依次将尾部的卵巢（右图）、芥末泥、醋饭塞入胴部（中图），接着塞入白色的抱卵腺，再次塞入芥末泥和醋饭。最后将中间的卵巢和抱卵腺交汇部分塞入胴部（左图）。

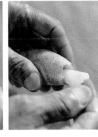

◆ 烧烤

在躯干表面切出几个刀花。稍稍烧烤躯干的正反两面，使乌贼肉、乌贼籽和醋饭膨胀起来。最后将躯干切成大小相等的 3 份，刷上酱汁，即可提供给客人。

焯煮章鱼

周嘉谷正吾（継ぐ 鮨政）

　　章鱼有各种各样的做法，焯水方法和煮制方法都凝聚着寿司店的心血。现请周嘉谷正吾厨师为大家讲解焯煮章鱼的做法。在形似锅盖的容器中放入萝卜泥和章鱼，再一同密封腌渍即可。

1条重2～2.5千克的活章鱼。为了处理起来更方便，我们先切除躯干部分，再将每2条章鱼腕切成1块，以方便揉搓除净污渍。

◆ 揉章鱼腕

不需撒盐，直接揉除章鱼的黏液及污渍。揉搓40分钟左右，其间频繁水洗。章鱼吸盘内的污渍也要仔细去除。

◆ 用萝卜泥腌渍

1条章鱼需使用1根萝卜，擦出的萝卜泥，将洗干净的章鱼和萝卜泥拌匀，再放入冰箱中腌渍一晚。萝卜中的酶会使章鱼肉变得柔软。

不加盐揉搓章鱼腕，加入萝卜泥焯水

焯煮章鱼的代表菜品是"切块熟章鱼"，入口弹牙，越嚼就越能感受着鲜味渐渐在齿间蔓延，这便是章鱼的魅力。但很难说这种口感适用于寿司。寿司食材的口感应该更加柔软，最好可以瞬间与醋饭融为一体。因此我多次尝试，不断摸索着章鱼的揉制方法、焯水时间、拍打效果、撒盐方法等，最终找到了这种最佳方法。

单单靠边揉搓边焯水的方法十分耗时，且不能使章鱼肉变得柔软，拍打的做法则容易破坏章鱼肉的纤维，这一点是毋庸置疑的。

我从实践中总结出的方法是，在揉章鱼时，不要加盐，而要用萝卜泥腌渍；焯水时也放些萝卜泥，用高压锅之类的密封容器加热即可。这个方法中并没有什么决定性的步骤，而是通过各道工序相互配合才能得到良好的效果。

盐可以除去章鱼表面的黏液和污渍，但我发现用清水揉搓40分钟左右也可洗净，而且章鱼肉可以保持柔软状态。

据说萝卜所含的蛋白质分解酶可以使章鱼肉变柔软，我用萝卜泥将章鱼肉腌渍整晚后，发现确有效果。焯水时加入的萝卜泥会漂浮在水面，汤汁不易蒸发，与盖在锅上的容器搭配后，密封性显著提高，章鱼肉会变得尤其柔软。

这种处理方法可以保持章鱼皮和吸盘的完整，成品看起来十分漂亮，我一直引以为傲。

❖ 加萝卜泥同煮

为了给章鱼肉稍加调味，我会用较淡的鲣鱼高汤来煮。放入盐和腌渍用的萝卜泥并煮沸，放入章鱼（上右图）。取一个锅盖，尽量可以严丝合缝地盖在汤锅上，再叠加另一个锅盖，将二者压紧（上左图）。小火煮30~40分钟。

❖ 预焯水

从萝卜泥中取出章鱼，焯水约3分钟，使表面变硬，此时不需放盐。捞出置于笸箩上冷却至常温。

❖ 放在笸箩上

焯水后的章鱼肉柔软得可以轻易撕开。将章鱼肉捞出后，放到笸箩上冷却（萝卜泥基本不会粘在上面）。

樱煮章鱼

福元敏雄（鮨 福元）

"樱煮"菜系在煮章鱼类料理中很受欢迎,可以在很多寿司店中看到。以酱油、砂糖和酒为底料制成咸甜味的汤汁,放入章鱼煮制后,其表面变为淡红色,看起来就像是"樱花色",人们就取名为"樱煮章鱼"。这种做法在寿司和下酒菜中都经常用到。

真蛸全年在市场上流通。兵库县明石市的真蛸打捞自濑户内海,是日本西部地区的著名章鱼产地,神奈川县佐岛的真蛸也有很高的口碑,使其成为日本东部地区的著名章鱼产地。

盐揉章鱼,除黏液

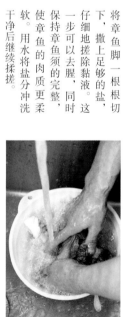

将章鱼脚一根根切下,撒上足够的盐,仔细地搓除黏液。这一步可以去腥,同时保持章鱼须的完整,使章鱼的肉质更柔软。用水将盐分冲洗干净后继续揉搓。

用汤汁煮制

汤汁是由800毫升去酒精的酒、1.3升水、50毫升酱油和35克上白糖调制而成。将章鱼放入凉汤汁中,开火缓慢加热。待汤汁沸腾后转小火,锅内放上小锅盖焖煮1小时。

汤汁煮 1 小时，浸渍 4 小时

櫻煮章鱼的重点在于如何将易变硬的章鱼肉煮软。最为理想的状态是既要煮软，同时又要保留嚼劲。为了达到这样的效果，不仅是煮制方法，包括在章鱼的选择及预处理等各道工序中，都必须要抓住要点。

本店使用的章鱼均产自位于神奈川县三浦半岛的佐岛市。这种章鱼可称东日本之王，与产自西日本明石市的章鱼相媲美，其美味程度自不必说，肉质的柔软度也是出类拔萃。关东地区的很多店铺都在使用佐岛市所产的章鱼，更能说明这种章鱼的品质优良，大家都很爱用。

预处理时，要加盐揉搓至黏液除净。这一步很考验耐心，长时间揉搓可以去除腥味，使章鱼肉呈现出美丽的樱花色，肉质也会变得更柔软。

要说揉搓的技巧，从我的经验来看，便是不能趁章鱼鲜活时揉搓，否则章鱼四处挣扎反而会使肉质变硬。章鱼在早上杀好后，静置几小时，最好是午后处理。

煮软章鱼的方法古来有很多种，一直传承至今。例如放入小豆同煮、加苏打水煮、用萝卜拍打等。我也多次尝试，最终决定用酒、酱油、砂糖、水勾兑成汤汁，再简单地煮制即可。

煮制 1 小时后，置于汤汁中浸渍 4 小时左右。这样可以使章鱼肉变得足够柔软，并且可以恢复其溶入汤汁的香味和表皮的红色，色优味美的樱煮章鱼即为制作完成。

红肉鱼的处理

白肉鱼的处理

青光鱼的处理

虾、虾蛄、蟹的处理

樱煮章鱼

贝类的处理

其他处理方法

◆ 在汤汁中浸渍

将真蛸煮制1小时后，放入汤汁中常温浸渍4小时。此时章鱼肉会变得更加柔软，被汤汁吸收的味道和香气也会重新吸收到章鱼肉中。

煮出『樱花色』的樱煮章鱼。沥去汤汁，将章鱼肉放入密闭容器中储存。当日使用的樱煮章鱼肉可常温保存，未能使用的则要冷藏储存，以锁住章鱼肉的香味。

酱油煮章鱼—①

桥本孝志（鮨 一新）

还有一种煮章鱼的方法，是以酱油为主料煮制的，不加糖。所以与樱煮不同，其味道不是咸甜味的。"鮨 一新"会在酱油和酒中加入焙茶和小豆后煮制，这也是传统煮章鱼法之一。

购入1条活章鱼，完成预处理工序后，每天煮2条腕。图片中的优质真蛸产自神奈川县佐岛市，因质量优良而在关东地区很受欢迎。

◆ 盐揉章鱼

我尝试过很多预处理的方法，最终决定采用盐揉法。除去内脏、眼、嘴后，撒盐并仔细揉搓，除净黏液。

◆ 用擀面杖敲打

每2条腕切成1块，用擀面杖稍微敲松其纤维。将表皮较厚的一面朝上，只需单面敲打10次左右。

◆ 水洗

一边冲水，一边洗去盐、黏液和污渍。这一步也要充分揉搓，特别是要仔细清洗容易隐藏污渍的吸盘。

咬得开的柔软和富有弹性的口感兼得

我还是日料店的学徒时，便学到"樱煮"的方法，后来我加以改良，制成适合手握寿司的做法。

原来的樱煮章鱼肉十分柔软美味，我也很喜欢，但其表皮易脱落，胶质部位也不紧实，很难握成形状漂亮的寿司。而且肉质过软，没有与米饭融为一体的口感。因此我希望能让客人体会到章鱼肉具备"咬得动的柔软性和弹力"，能和米饭一起沿着喉咙滑下。

要想让章鱼肉变得足够柔软，光依靠某一道工序是不行的，要使各种各样的要素达到平衡。本店将煮制时间缩短到30~40分钟，提前用擀面杖拍松章鱼腕的纤维，并在汤汁中加入可使食材变得更加柔软的焙茶，这些处理都是为了煮出理想中的柔软口感。顺便说一下，一般煮章鱼的时间在1小时左右。

本店在调制汤汁时，会以酱油、酒、水为主料，辅以焙茶和小豆。小豆起挂色的作用，可以将章鱼皮染成漂亮的红色，同时二者的风味也很相配。

焙茶和小豆都是煮章鱼的传统食材，但如今的主流做法是只添加一种或是完全不添加。汤汁也是数次煮制后加料并持续使用，味道会越来越浓厚。

若要制成寿司，可将煮好的章鱼与煮制酱油和酸橘果汁搭配；若要制成下酒菜，则可稍撒些盐和酸橘果汁，这样口味比较清爽。

章鱼腕煮好后，要放在汤汁中浸渍至常温再拿出。若趁热拿出的话，表面水分蒸发易使章鱼腕变干燥。

◆ 用汤汁煮制

将章鱼腕放入沸腾的汤汁中（下右图）。用小火静煮30~40分钟。汤汁是将焙茶和小豆（下左图）用厨房纸巾包裹住后，放入水、酒和酱油中煮制而成。我从开店以来，一直在使用这种方法，每用过几次就加入调料和小豆、焙茶调味。

酱油煮章鱼—②

小仓一秋（すし処 小倉）

　　本店常备两种方法，一种是用酱油和砂糖制成的樱煮，一种是仅用酱油的酱油煮。酱油煮的主料是鲣鱼高汤，加入酱油和盐调味即可。这类寿司的特点是口感清爽，能发挥出章鱼的风味。

真蛸除了可以整条处理之外，也可一次只用半条。图中的真蛸来自关东地区的著名产地即神奈川县佐岛。左图为真蛸内脏中的肝，可用酱油煮制后制成下酒菜（参照201页）。

▶ 盐揉章鱼

将章鱼揉搓一段时间，除去黏液。胴部和腕足上各撒一把粗盐，抹匀后抓揉，用水冲掉盐分后，再多次水洗揉搓。切分胴部和腕足，在腕足根部切出刀花。

▶ 浸水

除净黏液后，用水浸泡近2小时，除去盐分。中途换两次水。这一步要除净盐分，否则煮制后的章鱼会太咸。

淡煮近1小时后，无需浸渍，直接捞出

本店中，樱煮章鱼和酱油煮章鱼的预处理和煮制方法大致相同，但调味方法不同。樱煮时使用"酱油、酒、水、砂糖"，酱油煮时使用"鲣鱼高汤、酱油、盐"。没有了砂糖的甜腻口味，酱油煮的味道更为清淡，相较之下更能让食客们感受到章鱼本身的风味。

章鱼已经用鲣鱼高汤和酱油稍加调味，握成寿司时就无须再加任何调味料，咀嚼章鱼肉时，自然可以感受到鲜味在口中蔓延。当然，如果客人需要的话，可以适量地添加些酱汁、煮制酱油或盐等。

烹制煮章鱼时，难点就在于如何将章鱼肉煮软，这也是人们常提及的一点。我最近注意到，比起趁章鱼鲜活时处理，还不如静置一段时间，待其肌肉放松后再处理，这样章鱼肉就会变得更软。从前，我会清晨从市场买来活章鱼后立即处理，现在则是等到快到中午时再处理。

还有从前就有的一种方法，就是用萝卜使章鱼肉变软。但人们说法不一，有人支持，有人反对。我个人认为不用萝卜也行，但我多年习惯加入一些萝卜皮。

还有一点，如果煮制太长时间的话，会将章鱼肉煮出一些空心洞，所以要谨慎掌控煮制时长。章鱼肉煮软后，我会直接捞出，而不会将其泡在汤汁中。将章鱼肉垂直悬挂至恢复常温为止。近1小时煮制的章鱼肉已经入味，鲜味也能够发挥出来。

◆ 用铁丝悬挂起来

用"U"字形的铁丝挂住腕足和胴部，悬挂在厨房一角。在恢复常温的过程中，腕足会笔直伸展开，便于切段后握成寿司。

◆ 用汤汁煮制

将萝卜皮放入用鲣鱼高汤、酱油、盐调制而成的汤汁中，煮沸后加入章鱼。盖上小锅盖后，大火煮不到1小时（右上图）。下图为煮好的章鱼。务必用手指戳试章鱼肉的柔软度，之后关火。不需在汤汁中浸渍，立刻捞出即可。

江户煮章鱼

野口佳之（すし処 みや古分店）

　　说到本店的野口佳一厨师，他研究日本料理的时间很长，致力于借鉴并活用江户料理的做法。随着季节的不同，章鱼有3种不同的做法，这里讲解的是遵循江户料理传统、如今很少见的"江户煮"方法。

本店会使用活章鱼，打捞自神奈川县三浦半岛的佐岛。这种章鱼的特点是香气浓郁、肉质柔软，鲜度也很强，因此很多的高级寿司店都在使用。制作独特的『樱煮章鱼』时，要让章鱼切片后，看起来如同樱花的花瓣一样，我们会使用产自北海道的『个头大、外形美、能煮出漂亮樱花色』的水蛸。

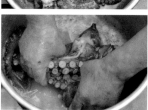

◆ 将章鱼剖开，盐揉

处理当天购入的活章鱼，切分腕足和胴体，去除嘴和眼，取出内脏。水洗腕足和胴部（上图），之后一起煮制，胴部制成下酒菜。抓一把多的盐，盐揉15分钟（下图），水洗一次，除去黏液。将腕足逐条切开，便于盐揉，之后再揉搓清洗2次，直至洗净黏液。

◆ 制作汤汁

在锅中放入同比例的水和酒，开大火（右上图）。准备足量的水，将章鱼完全浸没，以备长时间煮制。加入1量杯的煎焙茶叶（左图）。用厨房纸巾包裹着放入锅中，可以防止茶渣留在汤中（右下图）。沸腾后再煮几分钟，让汤汁吸收煎茶的香气和颜色，煮制即为完成。接着捞出茶包，加入昆布。

用添加煎茶的汤汁煮好，熟成1天

本店的煮章鱼分为"江户煮章鱼""樱煮章鱼"和"软煮章鱼"3种。江户煮章鱼的做法如图所示，用水和酒煮将煎焙茶叶煮出色后，用作煮章鱼的汤汁。不需要添加酱油和砂糖。

另一方面，我们的樱煮章鱼，也并不是现在常见的带甜味的酱油煮章鱼，而是将章鱼腕切成薄薄的圆片后，在酱油味的热汤中快煮。章鱼片会紧紧地缩成花瓣形状，看起来酷似樱花，才称作樱花煮章鱼，是地道的江户料理。

我们将现在常见的樱煮方法称作"软煮章鱼"。春樱的季节使用樱煮法，年末至正月则使用软煮法，都可制成下酒菜。江户煮则是常年供应，可用于寿司和下酒菜。

煎茶虽是用来制作江户煮章鱼的食材，但因具有使章鱼肉变软的功效，有些店家也会用来制作常规的樱煮章鱼。同时，煎茶能为章鱼肉增色，这一点也很实用。

在酒、水与煎茶煮成的汤汁中加入昆布，煮约2小时，让章鱼肉变得足够柔软。再接着浸渍1天，使章鱼肉入味。不必添加酱油和砂糖，煎茶自会散发清香。章鱼会带着一股清爽的味道，客人可以迅速感受到章鱼肉的鲜味，这就是江户煮章鱼的最大特点。

在江户料理中，人们常会用醋酱油搭配江户煮章鱼食用。但本店将江户煮章鱼制成下酒菜时，会配上汤汁冷却凝固后得到的汤汁冻；制成寿司时，会在章鱼肉上刷上甜味较浓的酱汁，以增加味道的层次感。当然，也可以在煮章鱼寿司上添加汤汁冻，这种做法也很有趣。这样会使整个寿司呈现温和的味道，章鱼肉的香气会更加明显。

◆ 熟成1天

关火，冷却，与汤汁一起放入冰箱，静置一天后提供给客人。『江户煮章鱼会在第二天之后入味，变得很美味。』野口佳之厨师说道。汤汁冷却凝固，变成汤汁冻（下图）。有时会将汤汁冻加入寿司中。

◆ 煮约2小时

将章鱼腕和胴体放入煮沸的汤汁中（左上图）。大火再次煮沸后，转中火，保持水面轻轻鼓泡的状态，继续煮制。仔细除去煮制时泛起的浮沫。煮制时间约为2小时。『关键是煮出柔软的口感。』野口佳之厨师说道。汤汁煮至剩余半量左右时，章鱼肉便会变为漂亮的红色。最后30分钟转大火，迅速收汁，完成煮制（左下图）。

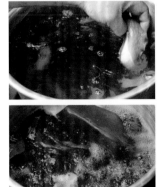

❖

贝类的处理

煮文蛤

浜田 刚（鮨 はま田）

很多贝类可以直接生握成寿司，但文蛤需要焯水后再用酱油味汤汁腌渍。文蛤的做法足以体现出厨师的理念和寿司店的个性。浜田刚会将文蛤长时间浸泡在汤汁中，使其肉质变软。

这是购自千叶县九十九里的文蛤肉。文蛤的大小不一，要选择与店里寿司大小相符的文蛤，本店使用的是重约120克的文蛤。

● 预焯水

● 洗文蛤

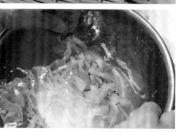

拔掉竹扦，将文蛤放到笸箩上沥干，接着放入沸水中，开大火焯水。待第二次煮沸后，立刻捞出文蛤，放在笸箩上沥干。静置40分钟，冷却的同时，也等待余热进入文蛤肉的内部。

使用传统的方法，水洗文蛤。用竹扦从水管处串起文蛤，5个成1串（右上图）。边冲水，边在水盆中翻转竹扦，清洗文蛤肉（右下图）。这样既可以除净污垢，又可以保持文蛤肉完整，不会弄破连接着各个部位的薄皮，文蛤的造型也不会乱。

124

好好发挥野生文蛤的香气，多花些时间使肉质变软

不同种类文蛤的煮制方法不尽相同。我使用的是产自千叶县九十九里市至鸭川地区的文蛤。这种文蛤是日本固有的品种，香气和鲜味都很浓，很适合用来煮文蛤。但其肉质紧实坚硬，所以很多店家会避开它而选择肉质较柔软的进口文蛤。在使用、比较了各种文蛤后，我还是觉得不能割舍野生文蛤的美味。我愿意花些功夫，希望能通过改进调味方法以解决文蛤肉质较硬的问题。

将文蛤焯过一遍水后，放入汤汁中浸渍，这一步是厨师们的常用手法，但需注意两处细节。

第一点需要注意的就是，焯过一遍文蛤的水不可再用于腌渍文蛤。文蛤焯水后，其浓厚的鲜味精华会留在汤汁中，所以人们通常会在汤汁中加入酱油等调料后开始腌渍文蛤。但这样长时间的腌渍既会使文蛤的香气增强，同时也会带来些许腥味。因此每次的腌渍汤汁都需用水和调料重新勾兑，呈现出清爽的味道才好。

但焯过水的汤汁也不能浪费。兑入水和酒供下一串文蛤焯水用，可循环使用 4 ~ 5 次，最后制成文蛤汤提供给客人即可（参考第 255 页）。这种汤汁未经煮干，也没有腌渍过文蛤，因此可以让客人品尝到毫无腥味的美味精华。

第二点需要注意的事情就是，如何调整文蛤肉的硬度。柔软的文蛤肉腌渍几个小时即可握成寿司，但野生文蛤肉很难变软，也不易吸收汤汁的味道，因此无法当天使用。腌渍整天才会变得足够柔软，汤汁的味道才能很好渗透。把握时间的能力很重要。握成寿司前加热的话，文蛤的味道会变差，肉质也会变硬，因此要在室温下使其恢复常温。

熬煮汤汁

将除去酒精的酒、酱油、砂糖和水混合成汤汁，熬至剩下一半。汤汁现做现用，在腌渍文蛤前需隔温冷却，防止其温度使文蛤变老。这一步不能使用焯过文蛤肉的汤汁。

浸入汤汁中腌渍

将文蛤肉的内脏挤出去，野生文蛤的贝柱也很硬，需要除去。文蛤对半横剖但不切断，放入汤汁腌渍，冰箱静置1天。握成寿司后，涂上康吉鳗酱，提供给客人即可。

红肉鱼的处理
白肉鱼的处理
青光鱼的处理
虾、虾蛄、蟹的处理
乌贼、章鱼的处理
煮文蛤
其他处理方法

蒸鲍鱼—①

一柳和弥（すし家 一柳）

作为寿司食材的鲍鱼有很多种类。除了使用的鲍鱼种类不同，各店的处理方法也不同，有煮制、蒸制等。本店会在春夏时节使用黑鲍、秋冬时节使用虾夷鲍，用独创的方法进行蒸制。

春至初秋时使用黑鲍。图中的大鲍鱼产自南房总市白浜町，重约800~1000克。秋冬时节宜食小虾夷鲍，我会从三陆和北海道地区选购。

◆ 放掉空气，蒸鲍鱼

预处理时要剥去鲍鱼壳，除去内脏，边冲洗边用手除去脏东西。在碗中放入8个黑鲍（右图）。用数张保鲜膜盖住，用橡皮筋圈儿绑紧，用按压的方法除去少量碗中的空气（左图）。用锡箔纸盖住，放入蒸箱中，蒸出香味。

选用同一产地的鲍鱼，在近似真空的环境中蒸制

在寻找处理鲍鱼的方法时，我曾多次失败，最终摸索出如今的烹调方法。我也尝试过先在水中加酒和盐，再放入鲍鱼，用高压锅焖制，再将鲍鱼放入酱油和酒中慢慢煮成"煮鲍鱼"。

用高压锅短时间焖制的鲍鱼肉很软，但风味不强，而且煮制后调料味道掩盖了鲍鱼的味道。我想着，能不能更好地发挥出鲍鱼独有的"礁石滩风味"呢？因此我一直在不断尝试。

接下来我又尝试了一种方法：将鲍鱼浸泡在由酒、盐和水调和而成的汤汁中蒸制。所用材料和"酒煮"相同，但不直接开火煮，而是用蒸制的方法入味，这也是最近流行的"蒸鲍鱼"的做法。这样做出来的鲍鱼，风味和柔软度都很好。

但我想，如果一概不加调味料，单蒸鲍鱼的话，食材不是会呈现出更加浓缩的风味吗？因此我想到了现在这种不加调料，只蒸鲍鱼的做法。

将碗里的鲍鱼塞得满满当当，尽可能抽干碗中的空气，再盖上保鲜袋，让鲍鱼在近似真空的状态下蒸制，这就是蒸鲍鱼的要点。这样蒸好的鲍鱼肉质柔软，从鲍鱼中蒸出的鲜汁重新吸收在鲍鱼肉中。没有任何掺杂的味道，只有鲍鱼本身的浓厚香味，外形优美，能够长时间保鲜。

这种做法适用于批量处理同一品种、同一产地的鲍鱼。饵料影响着鲍鱼的品质，因此使用在相同环境中生长的鲍鱼可以凸显出料理的个性，而且一次只处理一两个鲍鱼的话，蒸出的鲜汁量不足，因此必须要保证鲍鱼的数量。

不对优质食材做过多处理，发挥其原本的风味，这才是出色的处理方法。

◆ 在冰箱中静置2天以上

将恢复至在常温的鲍鱼和汤汁一起倒进容器中，放入冰箱中，静置2天以上，使鲍鱼入味均匀。汤汁凝固成鱼冻。鲍鱼和鱼冻汁片状斜批成波纹，涂抹酱汁。

蒸过6小时的鲍鱼，鲍鱼浸泡在从自身蒸出的汤汁中。"千叶县南房总市的黑鲍富含礁石滩的香气。虾夷鲍的饵料是昆布，因此带有较甜的风味。"——柳和弥厨师说道。

红肉鱼的处理

白肉鱼的处理

青光鱼的处理

虾、虾蛄、蟹的处理

乌贼、章鱼的处理

蒸鲍鱼——①

其他处理方法

蒸鲍鱼—②

渡边匡康（鮨 わたなべ）

　　蒸鲍鱼的第二种做法，就是酒蒸法，即鲍鱼淋上酒后放入蒸箱中。这是寿司店中"蒸鲍鱼"的代表性做法。渡边匡康厨师会用静置1周的蒸制鲜汤来腌渍鲍鱼，再将鲍鱼肝制成酱汁，以凸显出鲍鱼的香气。

夏季适宜食用黑鲍、施式鲍、大鲍，晚秋至冬季则适宜食用虾夷鲍。本次使用的是产自宫城县金华山地区的虾夷鲍，一只重约300克。虽属于小型鲍鱼，但风味浓厚，这一点与黑鲍相似。"在身形较平的一侧呈浓重枇杷色的鲍鱼肉味道更好。"渡边匡康厨师说道。

◆ 鲍鱼去壳，清洗

边冲水边用刷帚擦洗干净鲍鱼壳。蒸制时需将鲍鱼肉放在壳上，因此鲍鱼壳要打扫干净。用擦泥器的手柄剥去鲍鱼壳。将手柄插入鲍鱼肉和壳中间，剥下鲍鱼肉（右图），这样可以保持内脏完整。除去嘴和附在鲍鱼壳上的肝脏。

◆ 用热盐水烫洗

在蒸鲍鱼之前，用热盐水烫洗，除净污垢（右图）。浸泡10秒钟左右，待污垢浮上水面后迅速将鲍鱼肉放入冰水中隔热。再用杀菌效果较强的电解水冲洗，同时用刷帚用力将鲍鱼肉刷干净，除去边缘和背面的污垢及发黑的部分（左图）。虾夷鲍的边缘处有褶，称为裙边，易滋生污垢，因此本店会将鲍鱼裙边部位刷洗干净。

将鲍鱼肉和肝放在鲍鱼壳上蒸制，散发出礁石滩的味道

将鲍鱼肉放在洗净的鲍鱼壳上，多加些酒，带壳放入蒸箱中完成蒸制。小鲍鱼蒸 3 小时即可，黑鲍等个头较大的鲍鱼需蒸 6~7 小时，要花较长时间才能将鲍鱼肉蒸软。

鲍鱼的加热方法可谓是多种多样，可以用酒煮，便是酒煮鲍鱼法；可以添加酱油，就是酱油煮鲍鱼法；可以加盐蒸制；也可以不加任何调料，单蒸鲍鱼。但我现在最喜欢的加热方法还是酒蒸，酒蒸可以更好地使鲍鱼肉变软，发挥出香气，毕竟若要将鲍鱼制成寿司，香气还是非常重要的一点。

我会将鲍鱼肝与鲍鱼肉放在鲍鱼壳上同蒸，这样可以发挥出鲍鱼壳和鲍鱼肝的海水香气。而且鲍鱼肉蒸好后，含有独特风味的鲍鱼汤汁会留在壳中，积攒出数日的量，可短时间浸泡刚蒸好的鲍鱼肉，增加其香气。

将浸泡降温后的鲍鱼肉和汤汁分开，用保鲜膜包裹好再储存起来。在握成寿司前，再将鲍鱼肉和汤汁一起放入蒸箱中加热，使鲍鱼肉的香气散发出来。每一道工序都是为了保留并发挥好食材的香气。

握成寿司时，要将鲍鱼肉薄切，切出刀花，使其呈口袋状，塞入醋饭制成脚蹬造型。人们通常会将烧浓的酱汁或煮制酱油涂在鲍鱼肉上，本店则会将鲍鱼肝制成酱，再涂在鲍鱼肉上。与鲍鱼肉一同蒸制的鲍鱼肝混合少量汤汁后，放入搅拌器中，搅拌成顺滑的糊状，再用滤网过滤即可。刷上一层鲍鱼肝酱汁，就可以大大提高蒸鲍鱼的鲜香味。

◆ 酒蒸

将鲍鱼肉和鲍鱼肝放在壳上，浇上足量的酒（上图）。带壳一起放入蒸箱中，盖上盖子，虾夷鲍蒸 3 小时，黑鲍等个头较大的鲍鱼要蒸 6~7 小时（下图）。蒸好的鲍鱼肉会松软而鼓起，呈深黄色。过滤掉鲍鱼壳中的汤汁，与前几次的汤汁混在一起，用来浸泡鲍鱼。冷却时蒙上保鲜膜，冷却后从汤汁中捞出鲍鱼肉，再分别用保鲜膜密封储存起来。

◆ 制作鲍鱼肝酱

鲍鱼肝蒸好后，剥去薄膜，加入少量汤汁，放入搅拌器中打成糊状，用滤网过滤后，制成酱汁。肝脏中有鲍鱼黄，也有苦味较重的部分，因此要避免使用这些部分，最后必须尝一下味道。

◆ 加热，握成寿司

加少量的汤汁，稍微蒸制加热（上图），即可用来握寿司。鲍鱼肉竖着对半切开，再横批成波浪形薄片，一片即为制作一贯寿司的分量，之后在侧面切口，制成口袋状（下图），在这里面塞入醋饭。

129

煮鲍鱼

青木利胜（銀座 鮨青木）

　　"銀座 鮨青木"店中提供的鲍鱼都叫做"蒸鲍鱼"，但实际青木利胜厨师在制作时，有时会蒸有时会煮。这里介绍的是先酒煮，再用淡口酱油和味淋煮制而成的煮鲍鱼。

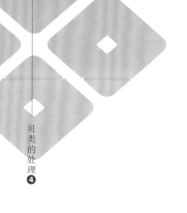

图中的黑鲍个头较大，产自千叶县铫子市。每逢春季至初秋时节，便是黑鲍的最佳食用季节，这时我会使用产自黑鲍。冬季则使用产自三陆市以北地区的虾夷鲍。

▶ 加入酱油和味淋，完成最后一步

鲍鱼肉煮软，汤汁基本收干后，放入淡口酱油调味（右图）。加入味淋继续收汁，随着味淋的包裹，鲍鱼肉逐渐变为蜜糖色（左图）。将鲍鱼肉浸泡在汤汁中冷却。

在锅中加入足量的酒并煮沸，继续加热，煮去酒中的酒精。加入水和盐，放入鲍鱼，待再次沸腾时转小火煮约3小时（右图）。锅里水不够时，可适量添水（左图）。

使用传统方法，用酒、酱油、味淋煮出甜咸味

本店多使用"蒸鲍鱼"的方法，就是在鲍鱼上浇酒并撒盐，再放入蒸箱中蒸好。但我偶尔也会"煮鲍鱼"，这种使用酱油调味的传统手法继承自上一代店主。

蒸鲍鱼的味道较清淡，鲍鱼的本味便凝聚在其中。煮鲍鱼则是很好地吸收去酒精的酒、酱油、味淋的风味，浓厚的味道也极具魅力。

烹调鲍鱼前的工作便是注意挑选新鲜的鲍鱼，这一点和鱼类是一样的。用刷帚仔细擦拭，在流水的冲洗下除净污渍和盐分。

在处理鲍鱼时，为了让鲍鱼不带杂味，我只会加盐和酱油给鲍鱼增加咸度，因此需除净鲍鱼肉中的海水和盐分。水洗时去壳，仔细清洗两面鲍鱼肉和裙边。本店常会暴腌鲍鱼内脏，所以在这一步时要除去内脏，清洗鲍鱼肉即可。

接着只需将鲍鱼放入锅中煮制。在锅中煮去酒的酒精，加入盐和水，再放入鲍鱼，煮3小时左右。酒煮是处理鲍鱼的主要步骤，长时间煮制后，鲍鱼会吸收酒的鲜味，腥味减弱，肉质变软，但同时还会保留弹牙的口感。

中途不断添水，继续煮制，鲍鱼煮好时，仅有少量汤汁残留，达到汤汁基本煮干的状态是最好的。最后加入淡口酱油和味淋，迅速收汁，让调料的鲜香味、盐味和甜味包裹住鲍鱼。将鲍鱼煮出兼具光泽和浓度的蜜糖色，一道美味便大功告成了。

◆清洗鲍鱼

将擦泥器的握柄从鲍鱼壳尖起一端插入鲍鱼肉下，将鲍鱼肉和壳分离。沿着从壳里向壳外的方向将鲍鱼肉扯下来，内脏就会留在壳上（上图）。流水冲洗鲍鱼肉，同时用刷帚将正反两面都刷干净。尤其要将裙边的污垢和盐分冲洗干净。

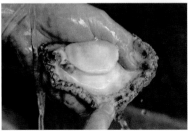

◆酒煮

煮虾夷盘扇贝柱

铃木真太郎（西麻布 鮨 真）

虾夷盘扇贝的贝柱和日本枊江珧、中国蛤肉的贝柱一样，常握成鱼生寿司，但也可以像煮文蛤一样，用酱油味的汤汁腌渍入味。在"西麻布 鮨 真"店里，煮虾夷扇贝柱常握成寿司，午餐时段提供给客人。

剥下虾夷盘扇贝的壳，仅使用贝柱部分。图中扇贝柱的直径为4~5厘米。选择不大不小、适合制作寿司的扇贝柱。对半横切成1贯寿司所用的大小。

◆ 用汤汁浸渍虾夷盘扇贝柱

混合酱油、砂糖、味淋和水，开火，沸腾后关火，降温至80℃左右。此时放入扇贝柱，随着汤汁慢慢冷却，扇贝柱会吸收汤汁的鲜味。

◆ 静置一晚

将常温的扇贝柱和汤汁一起倒入密闭容器中，置于冰箱内静置一晚，让味道完全进入扇贝柱内部。图为静置一晚后的扇贝柱。贝柱在握成寿司前一直都要浸渍在汤汁中。

用温热的汤汁浸渍，使肉质变软并入味

虾夷盘扇贝柱是鲜味较浓的食材。生吃的味道很甜，但煮制后的味道又甜又鲜。制成寿司食材时，煮制后的虾夷盘扇贝柱要比生吃的味道更浓，寿司店的处理，可以更好地发挥出贝柱的"品质感"。

首先要选择符合寿司大小的扇贝柱，这是制作煮虾夷盘扇贝柱的要点。将肉质丰厚的扇贝柱横切成两块，各制成一贯寿司。这样握出的寿司造型优美，大小与醋饭比较协调。过大或过小的扇贝柱都无法和醋饭完美搭配，因此要根据店里寿司的大小来选择合适的扇贝柱。

其次就是火候的控制，这也是最重要的一点。火势过猛的话，肉质又硬又紧，容易变得干巴巴的，所以要花些功夫，让扇贝柱入味且肉质柔软。不能直接开火煮，而要用"浸渍法"，即将虾夷盘扇贝柱放入温热的汤汁中浸渍入味。

汤汁的原料为酱油、砂糖、味淋和水。刚沸腾的汤汁温度过高，会使贝柱立刻紧缩，因此要关火，待水温降至80℃左右时放入扇贝柱，浸渍数小时，用余温加热扇贝柱，直至达到常温。扇贝柱不易入味，因此要将汤汁煮浓些，这也是一个窍门。

浸渍至常温的扇贝柱还是不够入味，因此要继续浸泡在汤汁中，放入冰箱熟成入味。静置一晚后，扇贝柱的味道就调制完成。

握成寿司时，将扇贝柱横切为2份，用手指逐处按压，纤维变得松软，扇贝柱才会好吃，这就是我的秘诀。扇贝柱的口感又松又软，与每一粒醋饭都完美融合，可谓风味大增。

◆ 使纤维变软

握成寿司前，将扇贝柱横切成2份，再用手指轻轻按压，使纤维变松软，扇贝柱的口感就能很好地与米饭融合。抹上芥末泥和日本柚子皮碎后握成寿司，再涂上酱汁即可。

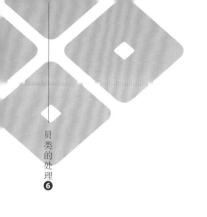

煮花蛤

大河原良友（鮨 大河原）

文蛤和鲍鱼是"煮贝"类寿司的代表食材，但花蛤也是传统的煮贝类食材。花蛤的个头较小，可以多个一起握成寿司，也有很多人会用海苔卷起来制成军舰寿司，"鮨 大河原"会将花蛤和醋饭一同盛在小碗中，制成小碗盖浇饭的风格。

图中的花蛤来自著名的优质贝类产地——爱知县三河市。每天清晨，我都会从筑地市场买来剥好壳的大个头花蛤。

◆ 边清洗花蛤，边留其汁水

扔掉购入时所含的汁水，重新倒水，轻轻搓洗花蛤（如右图）。置于滤水篮中除去水分，接着迅速将盆放在底部，接住滴下来的花蛤汁（如左图）。重复3~4次，除去砂石和碎壳，同时将花蛤汁攒起来。

◆ 用调味之后的花蛤汁煮制

在攒下来的花蛤汁中加入酱油、较多的日本酒和榨取的生姜汁，制成汤汁。开大火煮沸，放入花蛤肉，待汤汁再次沸腾时关火。捞去浮沫。

134

用"浸渍法"制成味淡多汁的煮花蛤

似乎很少会有店家用花蛤制作寿司，但花蛤在煮贝类中还是较为美味的。花蛤的最美味时节在仲春至仲夏期间，这时我会选用个头特大的花蛤制成菜品提供给客人。

很多人会煮干花蛤中的水分，让肉质变得硬些，这样握成寿司时，可以将体型较小的花蛤稳稳地放在醋饭上。

但若是将花蛤煮得稍微松软清淡些，带着些许汤汁，则能发挥出花蛤本身的鲜香味。首先考虑到花蛤的风味，还要让客人吃得方便，我便想到了采用小碗盖浇饭的形式，将花蛤和醋饭放在小碗中提供给客人。这样就可以让客人品尝到松软又湿润的美味花蛤。

我会在水洗时，将花蛤肉中流下的汁液收集起来，再加入酱油和酒制成用来煮花蛤的汤汁，这就是本店煮花蛤的调味方法。洗过花蛤的水中还有些砂石和碎壳，因此要使用过滤篮，将砂石和碎壳滤出扔掉。用过滤篮处理后，收集花蛤肉中滴下来的汁液，要静置15秒左右。

重复3~4次水洗和沥水的步骤后，可除净污渍，也能收集到足够的花蛤汁。若水洗次数过多，花蛤的味道会变淡，所以洗净花蛤即可，这一步骤不能重复太多次。

加热时间也很重要。汤汁沸腾时让花蛤下锅，再沸腾时关火。之后按照惯例使用"浸渍法"，先将花蛤肉和汤汁分开，待静置至常温后，再将花蛤肉放入汤汁中入味。

若煮过了火，花蛤肉会收缩变硬，无法呈现出它松软的美味。为了保持花蛤肉的风味及柔软口感，要注意在常温下保存，直至提供给客人。

◆ 放入汤汁中浸渍

将煮好的花蛤与汤汁分离开，置于过滤篮上（左图）隔热，稍微冷却后，再将花蛤放入汤汁中腌渍调味（下图）。放入冰箱后，花蛤肉会收缩变硬，因此需常温储存，当天用完。

煮制松软的花蛤。此时的花蛤肉带着汁水，所以不能像握成寿司和醋饭一起用小碗盛装，与手握寿司基本相同，可以让客人一口吃下。

魁蚶的处理

渡边匡康（鮨 わたなべ）

人气最高的贝类鱼生寿司要数魁蚶。魁蚶是传统的江户前寿司食材，肉质厚实，呈漂亮的朱红色，而且富含海的香气，因此很受欢迎。渡边匡康厨师也沉迷于魁蚶的香气。

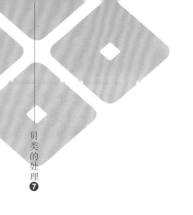

魁蚶的最佳食用时节在秋季至次年初春，但渡边匡康厨师说『有时会在新年时期才发育完整』。图中的魁蚶产自宫城县闲上市（日本地名），那里因盛产优质魁蚶而闻名。这种魁蚶的肉质厚实，香气也很强。

◆ 将魁蚶去壳

在提供给客人前，最好带壳储存。若提前去壳，则要将壳中的红色汁液一并放入盆中，将蚶肉浸泡其中。

◆ 去须

鼓起的一侧蚶肉边缘有些须状组织，需用菜刀按着扯下。也可以先将蚶肉切开，再从内侧除去须状物。

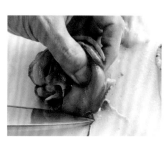

◆ 分离蚶肉和外套膜

用刀按压外套膜，扯下蚶肉。

提前准备食材时，需要做到这一步。也可将蚶肉放入红色汤汁中浸泡，再将外套膜完成清洗。

握成寿司前去壳，充分发挥食材的香气

除了鲍鱼和文蛤极适合蒸煮，大多数贝类都适合握成鱼生寿司或半熟寿司。

但实际上，生魁蚶的鲜美和其他贝类相比极为突出，甚至可以让人断言"只有魁蚶才能体现出贝类生食的美味"。像海松贝、鸟蛤、北寄贝、栉江珧等贝类，虽说生吃也很美味，但使用焯水、火炙等方法加热后鲜味会更浓厚，也能更好地发挥出食材的个性。

人们都说魁蚶富含海滩的香气，但这香气也是"生"握成寿司才能体会到的。实际上，我对这种香气有自己的判断标准，我认为，能够散发出"黄瓜味"的魁蚶才称得上优质。这种方法是我在学徒时期学到的，每天处理魁蚶时，我也总会感觉到这种方法的正确之处。将魁蚶的外套膜和黄瓜一起制成"魁蚶黄瓜卷寿司"，这确实是很合理的搭配方法。

处理魁蚶的重点在于，要在握成寿司前剥壳并分解魁蚶，这样才能最好发挥魁蚶的香气。若是提前将魁蚶剥好壳、处理好，再放入食材箱静置较长时间的话，魁蚶的香气会大大减弱。若是想先处理几步，可以剥去魁蚶壳，将蚶肉与壳中的汤汁一起放入容器中浸泡，腌渍直至握成寿司。这样可以延缓蚶肉的香气挥发。

按照江户前寿司的传统做法，人们会在握制魁蚶寿司时稍加醋洗。但是，醋的风味很浓，会遮住魁蚶肉所富含的的来之不易的海滩香气。如今，我们已可以买到新鲜的魁蚶，本店便不再采用醋洗的工序，直接将魁蚶握成寿司。

◆ 将魁蚶制成蝴蝶片

从蚶肠露出的一侧，放平入刀开蝴蝶片。之后切掉两侧剩余的蚶肠。

◆ 盐水洗魁蚶

清理完毕后，分别用盐水洗净蚶肉、外套膜和肠。可以将新鲜的魁蚶肠煮制成下酒菜，外套膜则制成刺身和海苔卷，提供给客人即可。

◆ 清理外套膜

除掉外套膜上的肠后，用菜刀刮掉外套膜中间和边缘部位的黑色污垢。中心部位的贝柱也要除去污垢。

◆ 切出装饰刀花

握成寿司前，在蚶肉的左右两侧各切出3道左右的刀花。这样酱汁可以更好地渗入蚶肉中，魁蚶寿司的外形也会更好看，同时也方便客人食用。

焯鸟蛤

渥美 慎（鮨 渥美）

鸟蛤表面的黑色是其特点之一，但也容易脱落。因此如何漂亮地保留住这一部位是处理中很关键的一点。不同方法中，鸟蛤的加热时长也有很大不同，"鮨渥美"会使用两种不同的烹调方法。

带壳购入的鸟蛤。鸟蛤的最佳食用时节在初春至初夏，当季的鸟蛤肉质较厚，香甜味也会增加。图中的鸟蛤产自兵库县淡路岛。

◆ 用舍醋的温水焯鸟蛤肉

醋主要起防止掉色的作用，因此在水中加醋，再开火，放入鸟蛤，将水温加热至50℃左右，不断确认鸟蛤肉的硬度，加热到半熟状态即可。加热时间为30~40秒。待鸟蛤肉鼓起，即可捞出。

◆ 清洗鸟蛤

开壳，除去壳中的水分，用开贝刀除去贝柱，取出鸟蛤肉（上图）。注意保持鸟蛤肉完整，除去外套膜（制成下酒菜）。鸟蛤肉的黑色易脱落，所以需要放在表面光滑、不易产生摩擦的锡箔纸上，用菜刀切开后，除去内脏（下图）。

半熟鸟蛤呈现出优质的口感和风味

　　随着养殖和冷冻食材的普及，鸟蛤已经可以常年在市场上买到，但野生鸟蛤的最佳食用季节是春天。这时的鸟蛤肉质变厚、口感更好、甜度和香气都会明显增强。

　　处理鸟蛤时，最重要的是留住其原有的黑色部分。就算是用手指和菜板等工具轻轻擦一下，鸟蛤也很容易褪色，因此在进行清理、焯水、冰镇等各工序时，尽量要避免触碰黑色的部位。

　　在剖开鸟蛤，清除内脏时，也不能直接将其放在木制菜板上。菜板表面有细小的刀痕，容易刮掉鸟蛤的黑色部位。流传下来的一个方法是，将鸟蛤肉放在玻璃板一类比较光滑的材料上处理。我则会在菜板上铺一层铝箔纸，再开始着手处理。锡箔纸的表面光滑细腻，因此这种方法很奏效。

　　一般来说，鸟蛤可以焯水后食用，但新鲜的鸟蛤也可以直接握成寿司。但我觉得，生鸟蛤肉的表面潮湿，水分过多使味道太淡。而鸟蛤加热后，其香气和味道会更好。因此本店都会将鸟蛤煮制后再提供给客人，但最近会提供两种不同火候的鸟蛤，让客人享受到不同的口感。

　　一种方法是冷水入锅，加热达到温水状态时关火，制成半熟鸟蛤（左下图中图左）。这样可以留住鸟蛤肉的厚度，蛤肉造型圆润，口感弹牙。另一种方法是用热水快煮，使鸟蛤肉全熟，这样做出的鸟蛤肉形状扁平，口感顺滑（左下图中图右）。我认为，与全熟鸟蛤相比，半熟鸟蛤的风味更加强烈。本店会根据当时的情况，将这两种方法灵活变通，制成寿司或是下酒菜。

◆ 用冰水收紧鸟蛤肉

将鸟蛤肉放入冰水中，迅速冷却，同时轻轻地用手指去内脏等部位的残留污垢。用温水将鸟蛤肉加热至半熟状态，可保持鸟蛤肉的厚度，使其呈现出圆鼓鼓的形状，黑色部位也不易脱落。

拭去水分后，鸟蛤的处理即为完成。左侧为加热至半熟的鸟蛤肉，右侧为用热水焯（参考右下框中的图片）至全熟的鸟蛤肉。

热水快煮的方法

一般来说，我们会将鸟蛤放入热水中，焯至全熟。在水中加醋，加热至85℃后，放入鸟蛤肉，加热10秒左右捞出，再放入冰水中冷却。热水煮出的鸟蛤形状扁平，不会出现蜷起。

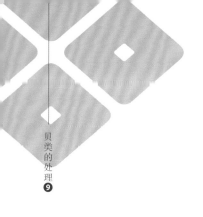

焯牡蛎

太田龙人（鮨处 喜楽）

　　牡蛎作为寿司食材使用的时间较晚，但如今牡蛎寿司却很常见。各店有不同的处理方法，包括酒煮、酱油煮、甜醋腌渍等，本店也有独特的处理方法，将牡蛎用盐水焯过后，再用海苔包裹起来，颇具风格。

这是长牡蛎，产自岩手县和宫城县交界处的广田湾。「这种牡蛎的品质很高，并且想为东日本大地震的灾后重建尽一份力。」太田龙人厨师说道。这是从当地的熟人那里直接购入的长牡蛎。已经生长了3年的个头最大的牡蛎，带壳购入。

◆ 盐水焯牡蛎

将牡蛎去壳水洗，除去污垢后，用盐水焯制。使用与海水浓度相同的盐水，煮沸，接着放入牡蛎，加热不到30秒的时间。待牡蛎表面收紧，内部温热时关火（右图）。接着放入冰水中，隔绝余热冷却完成后，置于笊篱上并沥干水分（左图）。操作至这一步时，产自广田湾的牡蛎还是会保持着鼓起的状态。放入冰箱中储存起来。

放入热水中，不到 30 秒的时间是美味的关键

应该是从昭和时代后期开始，崇尚江户前做法的寿司店也开始制作牡蛎寿司。人们顺应时代的变化，不断丰富下酒菜的种类，开始处理各种各样的食材，牡蛎也是其中之一。

本店是从我这一代厨师开始处理牡蛎的。日本人喜食牡蛎，其做法也多种多样，而且都很美味。可以先涂上酱汁，再烧烤，制成下酒菜；也可以用盐水快煮，接着握成寿司。生牡蛎也很美味，但水分过多且触感湿滑，会把醋饭搞得黏糊糊的，所以并不合适握成寿司。而加热后，牡蛎的味道也更加浓缩，与醋饭搭配更加协调。

从种类来看，我会选择长牡蛎。岩牡蛎的最佳食用季节是夏季，味道也很受欢迎，但个头太大，不太容易握成寿司。在三陆海岸地区，岩手县广田湾是颇负盛名的长牡蛎产地，我会从中挑选出超大个的牡蛎使用，这些牡蛎的生长期为 3 年。牡蛎壳长约 18 厘米，牡蛎肉鼓起而厚实，极具特色。生长期为 2 年的牡蛎也很美味，但考虑到寿司的视觉效果，我还是选择了生长期为 3 年的牡蛎。

在沸腾的盐水中焯少于 30 秒即可。若等到盐水再次沸腾，热量就会进入牡蛎肉的中心部位，肉质会变得过硬。让牡蛎肉的中心部位达到微热状态即可，使其鲜度达到顶峰，打造出入口即化的口感。

牡蛎的个头较大，不能整个握成寿司，本店会切分成 2 块，用足够大的海苔片包裹住牡蛎，再握成寿司。牡蛎和海苔都带有碘香，味道和口感也相配，因此我认为，牡蛎一定要搭配海苔食用。将酸橘汁淋在寿司上，等海苔变软，此时食用最佳。

◆ 握成寿司，用海苔卷好

点上芥末后握成寿司，用足够大小的海苔包裹好寿司，在海苔上撒少许盐，酸橘汁挤两半后，提供给客人，这样可以让客人吃得更方便。

◆ 切分

客人点菜后，取出处理好的牡蛎，切分成 2 块。这种牡蛎的个头特别大，可以平切成 2 份，每份可以制作一贯寿司。

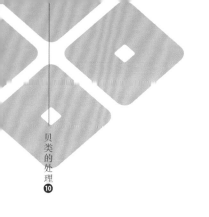

烧牡蛎

冈岛三七（蔵六鮨 三七味）

　　下面将介绍的是用酱油和砂糖调味，制作"烧牡蛎"的方法。牡蛎寿司是现代才有的做法，如今市面上有越来越多的优质养殖牡蛎，这也是促使牡蛎成为固定寿司食材的原因之一吧。

　　我会从各种各样的产地购入带壳的长牡蛎。图中的牡蛎产自兵库县赤穗市，但我常用的牡蛎则产自长崎县谏早市。这种牡蛎并不大，但『肉质较厚，呈乳白色，且海腥味极少，质量很好。』冈岛三七厨师说道。

◆ 焯水后开壳

　　将牡蛎焯水后去壳，这是一种常用的基本方法。将冷水和酒以9∶1的比例混合，放入带壳牡蛎，开火煮沸。煮至牡蛎壳打开，迅速捞出。

◆ 用冷水收紧牡蛎肉

　　将牡蛎肉从壳中取出，迅速放入冷水中隔热。若用开贝刀开牡蛎壳的话，也可以在水中加酒煮沸后，放入剥好的牡蛎，煮5分钟左右，再放入冷水中。

用白酱油和味淋煮出色美肉软入味的牡蛎

本店制作寿司时使用的牡蛎是用鲣鱼汤稍加调味的"烧牡蛎"。牡蛎会吸收酱油淡淡的鲜味，以及砂糖和味淋淡淡的甜味，最终形成香甜馥郁的口味。食用高级的日式点心时，我们会感到心灵放松，烧牡蛎的微甜也是其美味的关键。

虽说是烧牡蛎，煮的时间却很短。预处理时，会将牡蛎带壳或剥壳焯水，所以用汤汁煮制的时间只有1分钟左右。再在汤汁中冷却入味，静置1晚即可。要想将牡蛎肉煮得圆润柔软，就不能煮制太长时间，否则牡蛎肉会收缩变硬，这一点要多加注意。

处理牡蛎的另一个关键在于，牡蛎肉呈独特的乳白色，要发挥出它的美丽之处。使用淡黄色的白酱油，这样牡蛎肉不会染成茶褐色。这种酱油很特殊，是爱知县的特产，而且产量很少，常用于处理牡蛎、白子等食材，发挥食材的白色光泽。

本店会将牡蛎带壳放入添加水和酒的锅中焯水，待牡蛎壳"卟"地一声打开，就迅速捞出，剥去牡蛎壳。这就是本店的剥壳方法。

有些产地的牡蛎很难剥壳，这时需要使用开壳刀，但难点在于剥壳工具或碎壳容易破坏牡蛎肉。若是采取带壳焯水的方法，就可以取出造型优美的完整牡蛎肉。在这个过程中，牡蛎略微受热，预焯水的工序也就一并完成。本店也会用同种方法剥去文蛤的壳。

◆ 用汤汁浸泡入味

直接冷却至常温。此时可直接使用，但通常会放入冰箱中静置1~2晚，待牡蛎肉充分入味后使用。水平切成两份，握成寿司。

◆ 用白酱油汤汤煮制

在鲣鱼汁中加入白酱油、砂糖和味淋制成汤汁，煮沸。牡蛎肉过冷水收紧后，沥干水分，放入汤汁中，蒙上纸锅盖，小火煮一分钟后关火。

红肉鱼的处理

白肉鱼的处理

青光鱼的处理

虾、虾蛄、蟹的处理

乌贼、章鱼的处理

烧牡蛎

其他处理方法

❖

其他处理方法

煮康吉鳗鱼——①

福元敏雄（鮨 福元）

　　康吉鳗放入酱油和砂糖配成的汤汁中煮制，再将汤汁收汁后涂在康吉鳗鱼上调味，这就是康吉鳗寿司的标准做法。但最近康吉鳗的新做法也渐渐开始普及，传统的味道浓厚的汤汁渐渐变得清淡，并用盐代替酱汁为鱼肉调味。福元敏雄会分别用酱汁与盐这两种方法为康吉鳗调味。

康吉鳗鱼的最佳食用季节是夏天，但整年都可以买到鲜活或活宰过的康吉鳗鱼。关东地区一般会开背宰杀，关西地区则开膛宰杀。

◆ 清洗

将整条剖开的康吉鳗鱼用水搓洗，注意不能伤到鱼肉。除干净残留在鱼皮上的黏液、鱼肉上的污垢和小鱼刺等。

◆ 开背去骨

钉好眼锥后，将整条康吉鳗鱼开背，切去内脏、中骨、鱼鳍和鱼头，只留鱼肉。「产自长崎县松浦市的康吉鳗鱼肉厚又味美」，所以最近都是从那里进货。

◆ 盐揉康吉鳗鱼，除去黏液

在活宰后的康吉鳗鱼上撒盐，用手沿鱼头至鱼尾方向搓去黏液。捋4次后水洗，再次撒盐，再捋4次，再次水洗。

用全新的汤汁发挥康吉鳗鱼的香气

江户前寿司中处理康吉鳗时，基本是用酱油煮制。煮好的康吉鳗鱼肉鼓鼓的，鱼肉柔软得仿佛能在舌尖化开，其独特的味道和香气也充满魅力。

按照传统手法，人们会多放些酱油和砂糖到汤汁中，使鱼肉的咸甜味较重，色泽也浓重。但如今有越来越多的店家希望能发挥出康吉鳗鱼原有的香气，因而选择在烹调时控制调料的添加量。我也是抱着这样的想法，不再用"老卤子"，而是每次都调整配料比例，调制新的汤汁。通过这样的方法，可以让客人们享受到康吉鳗细腻的香味。

将康吉鳗鱼淡煮后，再沾盐食用，这是种合适的搭配方法。传统食用方法是给康吉鳗鱼刷上酱汁，但本店从多年前就开始提供搭配盐同食的选项。搭配盐可以使客人直接感受到寿司食材的风味，这是寿司店最近的趋势之一。酱汁也是很美味的，但配盐可以更清爽地品尝到康吉鳗鱼的本味，也是别有风味。

但要想让康吉鳗鱼和盐搭配出美味，不仅要把握好汤汁的调味，还要注意预处理这一步，那就是要除净鱼皮上的黏液。酱汁可以掩盖黏液的腥味，但盐是无法做到这一点的。用酱汁调味时，黏液捋 5 次即可，但用盐调味时，黏液需要捋 8 次。

我也尝试过多种除净黏液的方法，最后决定使用这种方法：解剖鱼肉前，先撒盐，用手从鱼头至鱼尾捋掉黏液。这种方法可以保持鱼肉完整，并且可以除净黏液。这些工序都要趁鱼鲜活时进行，这也是将鱼肉煮软的窍门。

用汤汁煮制

汤汁的配比如下，800毫升去酒精的酒、1.5升水、150毫升酱油、35克砂糖。在汤汁沸腾时放入康吉鳗鱼，撇去浮沫，放入小锅盖，中小火静煮20分钟。

仔细将鱼肉捞起，放在笊篱上，保持鱼肉完整。1条康吉鳗鱼可以做成4贯寿司，轻烤后握成寿司。保留5份煮过的汤汁，最后放入鱼头和鱼骨一起煮制，制成康吉鳗鱼酱汁。

红肉鱼的处理

白肉鱼的处理

青光鱼的处理

虾、虾蛄、蟹的处理

乌贼、章鱼的处理

贝类的处理

煮康吉鳗鱼—①

煮康吉鳗鱼—②

周嘉谷正吾（继ぐ 鮨政）

在康吉鳗鱼的煮制过程中，如何释放脂肪的风味、让汤汁入味、保持肉质柔软等，各道工序都凝结着厨师的技巧。在处理康吉鳗鱼时，最先考虑的是"如何留住容易流失的脂肪。"周嘉谷正吾厨师说道。

选用重为100~200克的康吉鳗鱼。不管康吉鳗鱼的大小如何，必须要有足够的脂肪。从市场买来宰好的康吉鳗鱼后，立即分解。

焯水

将康吉鳗鱼放入70℃的热水中，焯5秒左右，再放入冰水中。鱼皮上的黏液会凝固成白色，要用刷帚刷除。黏液受热凝固后，很容易去除。

开背去骨，斩碎鱼刺

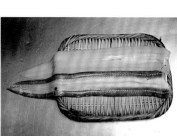

开背，除去内脏、中骨、鱼头、鱼鳍、腋下的硬骨之后水洗，再整条切开，切整齐。康吉鳗鱼的鱼刺虽然又细又软，煮制后仍影响口感，所以要仔细地将鱼刺切碎。用刀尖在中骨附近切短刀花（右下图）。

汤汁多盐少甜，煮较短时间

在做学徒的一年中，我对康吉鳗鱼的看法有所改变，当时我放弃了康吉鳗鱼，转而处理野生鳗鱼。鳗鱼肉很有弹性且富含脂肪，但康吉鳗鱼肉质柔软，且脂肪含量少。我深刻体会到这两种鱼的不同之处，意识到要尽可能发挥出康吉鳗鱼的"细腻之处"。

康吉鳗鱼的脂肪含量本来就很少，因此最重要的是要选用脂肪含量较高的康吉鳗鱼。而要防止稀少的脂肪流失，就要尽可能地缩短加热时间，这是第二个要点。最好开火加热15分钟，关灯后再利用余热加热5分钟。

短时间加热康吉鳗鱼的理由还有一个，那就是脂肪较少的食材易煮制入味，如果煮制时间过长，康吉鳗鱼的风味会被汤汁的味道遮住，肉质也容易变得松散。缩短加热时间，就可以避免这个问题。最大程度地保留康吉鳗鱼易流失的脂肪和鲜味，这就是煮康吉鳗鱼的关键。

还有一些其他的注意事项，比如去除黏液的方法。可以在分解鱼肉前揩除黏液，也可以在分解鱼肉后洗净黏液，本店会先将鱼肉分解，接着焯水，再用刷帚刷掉黏液。黏液接触热水后会凝固，变得清晰可见，这时便更加彻底地除掉黏液，而且可以将内脏中饵料的味道一并除去，这就是焯水的优点。

另一点就是汤汁的调制。用来熬制汤汁的都是些普通食材，但搭配得很有特色。砂糖可能使鱼肉变硬，加上握成寿司后还要抹上浓缩酱汁，因此要少放些。与酱油相比，盐可以更好地引出康吉鳗鱼的味道，因此要多放些盐。

与其说煮制这道工序是要让鱼肉"入味"，不如说是"加热鱼肉，引出康吉鳗鱼的细腻风味"。

◈ 用汤汁煮制

汤汁采取添制的做法。加热上次使用过的汤汁，补足适量的酒、热水、粗粒糖、酱油和盐来调味。放入康吉鳗鱼煮大约15分钟，关火，用余热加热大约5分钟。

◈ 隔热

康吉鳗鱼的肉质较柔软，容易散掉，所以煮好后不能立即拿出。将半份汤汁倒入另一个锅里，使两份汤汁都刚好能淹没鱼肉，再将两个锅放入冰水中隔热5分钟，让鱼肉稳定下来。

捞出，置于笸箩上，防止鱼肉散掉。将使用过的汤汁熬成原量的一半，一部分制成酱汁，剩下的留着下次使用。

红肉鱼的处理

白肉鱼的处理

青光鱼的处理

虾·虾蛄·蟹的处理

乌贼·章鱼的处理

贝类的处理

煮康吉鳗鱼｜②

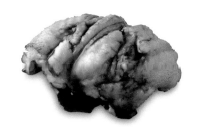

煮康吉鳗鱼—③

小林智树（木挽町 とも樹）

　　第三种煮康吉鳗鱼的方法，就是"とも樹"店里的做法，厨师的技艺都凝聚在汤汁中。剔除康吉鳗鱼的鱼骨和鱼头，煮成高汤。高汤不仅用来煮制鱼肉，还会在煮的过程中不断调味，发挥出康吉鳗鱼的风味，处理过程可谓十分细心。

从初夏时节开始，康吉鳗鱼便开始储存脂肪，口感越来越好。从市场上买来活宰好的康吉鳗鱼，"康吉鳗鱼刚剖开时，鱼肉会鲜活地颤动，趁此时下锅煮制。"小林智树厨师说道。

除去康吉鳗鱼的黏液

在康吉鳗鱼上涂满盐，静置5分钟左右，这是『とも樹』店里的预处理方法。『黏液会脱离鱼皮，更方便清除。』小林智树厨师说道。之后用手持除黏液，清洗干净。

开背去骨

按关东地区的处理方式，将康吉鳗鱼开背去骨。除去内脏，将中骨、鱼头和鱼鳍，接着流水冲洗，仔细除去腹部的薄膜，残留的黏液和小刺。将鱼头对半剖开，抽除中骨内部的鱼血，放入冰箱中储存起来，以备制成汤汁。

将鱼头和中骨制成汤汁

取出冰箱中储存的40份鱼头和鱼骨，熬制高汤。解冻后，用烤炉微烤至变色，放入沸水中，小火煮1.5小时（上图）。在此过程中，要撇去浮沫并不停添补酒和水。煮好的汤汁呈乳白色（下图）。过滤后放入保鲜袋中，置于冰箱储存。

每次处理时，使用不同的调料

本店处理康吉鳗鱼的一个特点在于，将康吉鳗鱼宰杀好后，对鱼头和中骨会加以有效利用。将鱼头和中骨煮成奶白色的鲜汤，再用于煮鱼肉，也可煮成酱汁。

因为是循环使用，所以汤汁每多煮一次，康吉鳗的风味就会增加一分，味道也更加醇厚鲜美。但不能一直使用，若汤汁消耗过度，便会缺少细腻的风味，颜色也会过重。使用6次左右后，就要加入半份先前用鱼头和中骨煮成的鲜汤，用调料把控汤汁的风味，制成新的汤汁。一般来说，多是用水来稀释，但康吉鳗鱼的高汤能赋予汤汁以高级的鲜味。

虽说煮制前的调味工序很重要，但汤汁的味道每一刻都在变化，康吉鳗鱼的品质也会随之发生改变，所以我会在煮制时，多次尝味，直至煮成理想的味道。

具体来说，鱼肉变软之前不搅动汤汁，煮制8分钟后，可以第一次尝味，之后每隔3分钟试一次味道。

试味时不尝汤汁，而要尝鱼尾部位以确认香气和味道。若想让鱼肉变咸些，就根据着色和咸度从淡口酱油、浓口酱油、白酱油和盐中进行选择。加糖时，若想口感更醇和，则加入中粒糖，若想要清爽的甜味，则加入绵白糖，若想提鲜，则可添加味淋。由于我十分重视尝味道的环节，所以我会在尝味的间隙喝些水，或者使身体降温后再品尝，以保证味觉的灵敏。

煮20分钟左右，康吉鳗鱼的肉质会变得入口即化，甜度也刚好。但我认为这道菜可以像甜点一样使客人的胃得到放松，所以总是放在最后上桌。

◆ 每隔几分钟，尝一次味道

煮制8分钟后，即可第一次尝味。之后每隔2~4分钟尝一次味，必要时可添加些调料（右上图）。尝味时不尝汤汁，而要掐下鱼尾试味道（右下图）。在20~25分钟的煮制时间内，需经历5~6次尝味。

◆ 汤汁煮制

汤汁的主料有：水、酒、浓口酱油、淡口酱油、白酱油、盐和粗粒糖，可多次使用。使用6次左右，即倒出半份，制成酱汁，在剩下的半份中加入康吉鳗高汤和调料，留作下次使用。煮制时，将康吉鳗鱼放入热汤中，将火候从中火慢慢调低，继续煮制。

煮好后，放在笸箩上隔热。掐下还未尝味的鱼尾，再次检查味道。脂肪太少的鱼肉可制成粗卷寿司。握成寿司前略微烤制鱼肉一侧即可。

煮康吉鳗鱼—④

增田 励（鮨 ます田）

　　一般来说，在煮康吉鳗鱼时，人们多会除去表皮的粘液，但本店却并非如此。增田 励厨师一直遵循着自己独特的方法，他会根据康吉鳗鱼的脂肪含量来调整煮制时长，还会烤出康吉鳗鱼的脂肪，并留住香气，再握成寿司。

产自东京湾的优质康吉鳗鱼，是江户前寿司的象征性食材。从市场购入活宰过的康吉鳗鱼，不需除去粘液，直接处理即可。

◆ 制成蝴蝶鱼片，清洗

开背，除去内脏、中骨、鱼鳍等，在流水下揉搓洗净。这一步无须特意除去黏液。鱼皮上附着黏液，但并无污垢（上右图）。根据脂肪含量的不同，将康吉鳗鱼分为3组。

◆ 煮制不同时间

一锅汤汁只使用一次。将水、粗粒糖、酱油和味淋调成煮制酱油后煮沸，先放入脂肪较少的鱼肉，每隔2~3分钟再逐次放入其他鱼肉。盖上木盖，共煮30分钟左右。

每条煮好的康吉鳗鱼都要尝味道

我想，很多的寿司店会盐揉康吉鳗鱼，或是用热水冲洗，同时用菜刀刮掉黏液。但本店会先将康吉鳗鱼制成蝴蝶片，再用水洗净污垢。因为专门处理康吉鳗鱼的卖鱼师傅多次跟我说"康吉鳗鱼的黏液极鲜，不要除掉啊"，因此我处理时会保留黏液。

也有人说，康吉鳗鱼的腥味来源于黏液，但也有人说，腥味来源于胃里的饵料。捕捞上来后，立刻让康吉鳗鱼吐出饵料，活剖后煮制完成，这一点才是重要的。实际上，按照卖鱼师傅给我的建议，不去除黏液，也能煮出美味的康吉鳗鱼。只是，无论有没有黏液，有些康吉鳗鱼都会散发腥味，因此，煮制完成后，要立刻尝味道。

每次汤汁用完都要重新煮制。与循环使用的汤汁相比，这样的汤汁味道更清淡，康吉鳗鱼会呈现出更清爽的风味。将汤汁熬干成酱汁时，也要控制好浓稠度，使酱汁能够轻松地摊铺在鱼肉上，这样才能引出康吉鳗鱼的风味。我认为，酱汁对康吉鳗鱼的味道有很大影响。

煮制时，需根据鱼肉的脂肪含量来设定不同的煮制时间，以呈现出最美味的鱼肉。若是油脂较少的康吉鳗鱼，则可以多煮一段时间，使肉质更加柔软；若是油脂较多的康吉鳗鱼，则煮制较短时间即可。根据鱼肉的厚度、弹性和颜色，将生鲜的康吉鳗鱼分为3种，错开时间下锅。

握成寿司前，用烤箱略微烘烤鱼肉，目的不在于烤出香味，而是想让鱼肉更柔软多汁，入口时能有汁水迸发的效果。便如"煮康吉鳗"这个名字一样，鱼肉上不用留下烧烤的痕迹，只需略加烧烤，烤出油脂即可。

◆ 用余温加热

煮制完成后，关火，合上木盖，静置约10分钟。余温进入鱼肉中，入味。

◆ 品尝煮好的康吉鳗

将煮好的康吉鳗鱼摆放在托盘上，从切口处检查味道，确认无腥臭味。汤汁使用数次后，可制成酱汁。加入调味料调好口味，约1周熬干，即可食用。

海鳗鱼丸

吉田纪彦（鮨 よし田）

处理方式多种多样的海鳗，为关西的夏季增添了一抹美丽的色彩。一般来说，人们会用酱油将海鳗腌渍出香气，再烤制，最后握成棒寿司，在京都开店的吉田纪彦厨师会向大家介绍一种不同的方法：将海鳗焯水后，握成海鳗鱼丸寿司。

使用优质海鳗。优质海鳗肉厚肥美、鱼骨和鱼皮很柔软。图中的海鳗产自韩国，那里是广受好评的海鳗产地，只要有货，我一定会买。海鳗先空运到日本，在市场活宰后，再送到店里。

◆ 制成蝴蝶鱼片

海鳗到店后，立即开膛分解。除掉鱼头，制成蝴蝶鱼片，除去中骨和鱼鳍。优质的海鳗鱼肉呈偏粉的白色，光亮美丽。

◆ 熟成半日

用吸水性较好的纸除去水分，再用厨房纸巾包裹起来，置于高湿度、温度为2℃的冰箱中，储存半日直至使用。要点在于除净水分，每隔3小时换一次吸水纸。

◆ 剁碎鱼刺

剁碎鱼刺，再提供给客人。用海鳗的专用菜刀切出2毫米宽的刀花，切断小刺，再将鱼肉切为宽约2厘米的段。在切碎鱼骨时，要深切至鱼皮部位。

活宰当天，焯水后上菜

每年7月，京都祇园祭前后，是海鳗的鼎盛时期，因此祇园祭又称"海鳗节"。人们说海鳗"喝了梅雨时节的水，会变鲜。"实际上，这个季节的海鳗正处于备产期，会储存大量的营养。而到了秋季，海鳗的脂肪含量还会增多，因此海鳗的最佳食用期极长，本店会在5~10月的半年间，为客人提供海鳗料理。

要想切细海鳗中的无数小鱼刺，就必须采取"斩碎"的方法，把鱼肉切得极薄的同时保持皮肉相连。这种技术对厨师的熟练度要求很高。制作海鳗鱼丸时则不仅要采用碎切的手法，还要注意海鳗的鲜度和处理的整体流程。

虽说要将切好的鱼肉迅速放入热水中焯一下，但海鳗鱼丸仍属于刺身的一种。与生鱼片相同，海鳗的香气和味道会直接散发出来，因此鲜度是极其重要的，所以要在宰杀当天即提供给客人，这是最基本的原则。

而且，完成切碎鱼骨及焯水的工序后，必须马上提供给客人，这是处理海鳗的严格规则。在我见过的方法中，有人会将做好的海鳗鱼丸冷藏储存，但这样鱼肉温度降低，鱼肉就会收紧变硬，水分也会流失，口感变得干柴。无论是将海鳗制成刺身还是寿司，都必须在做好后立即提供给客人，这是不可动摇的。只有这样，鱼肉的中心部位才会留些温度，从而呈现出柔软的口感和鲜味，这就是最好吃的海鳗鱼丸。

因此，预处理时，进行到包裹鱼肉的步骤即可，在营业开始前，要多次更换厨房纸巾，以除去多余的水分。若能将优质的海鳗保管好，那么到碎切鱼骨的步骤时，鱼肉还能保持弹性。

按照惯例，人们会在海鳗鱼丸上加些梅干。本店会用炒好的鲣节粉、酱油、去酒精的酒等调味，抑制梅干的酸味，添加些鲜味，借此引出海鳗清淡的味道。

◆ 焯水，用冰收紧鱼肉

将海鳗的鱼皮朝下，放在笊篱上，浸入沸水中（右上图）。加热约15秒，待刀花绽开后，用笊篱捞起，放入冰水中（右下图）。冷却15秒后捞起。鱼皮较硬时，可以先用热水将鱼皮浸泡5秒，再将整块鱼肉浸入。

◆ 沥干水分，握成寿司

将鱼肉从冰水中捞出后，放在手心，轻握出刀花处的水分。再用纸包裹鱼肉，擦干水分，再迅速握成寿司肉，提供给客人即可。添加少量的梅肉，提供给客人即可。

酒煮银鱼

佐藤卓也（西麻布 拓）

　　银鱼在日料中有多种多样的用途，如制成刺身、天妇罗、鸡蛋盖饭、清汤等。银鱼寿司的出现，意味着春天的到来，因此银鱼在寿司店里也很受欢迎。最近有很多店家会将小银鱼握成鱼生寿司，但佐藤卓也厨师会"酒煮"大银鱼，加以清淡调味，再握成寿司。

银鱼常在早春时节出现，是种珍贵的食材。春季是银鱼的产卵期，可以在湖泊、河流与海水的交界处捕到成年银鱼。银鱼长约7~8厘米。雌银鱼有鱼籽。

◆ 用汤汁浸渍

用纸盖住银鱼，使其不会蹦跳，放入由酱油、味淋、砂糖、盐、淡口酱油和水制成的沸腾的汤汁中，大火煮1分多钟（右图）。煮熟后迅速捞起，继续用纸盖着冷却。左图为冷却后的银鱼。汤汁中放入水洗过的盐渍樱花叶，冷却。

从汤汁中取出樱花叶，再将银鱼浸入汤汁中，放入冰箱静置一晚，使其入味。之后沥去水分，握成寿司即可。

加热1分多钟，用汤汁浸渍一晚

银鱼在春天出生，经过一年的生长，来年春天再产卵，银鱼的一生便结束了。银鱼在成长过程中会不断储蓄营养，为产卵作准备，因此在产卵前捕获的银鱼最是美味。我也总会在2~4月准备银鱼料理，为客人们提供这份短暂的美味。

挑选银鱼时，最重要的是产地。小银鱼一般会在湖边和河流海洋交汇处捕获，银鱼就会带有土地的气味。因此挑选出没有泥土气味的银鱼是非常重要的。我常会使用产自岛根县宍道湖的银鱼。

是要握成鱼生寿司，还是要煮熟后握成寿司，可根据个人喜好来定。生吃会有些被鱼刺扎中的感觉，还有苦味，所以我会选用小银鱼，但吃起来还是偏硬，略带苦味。煮制的鱼肉则较为柔软，而且可以选用美味的大银鱼，因此我会只制作煮熟后的银鱼寿司。越大的银鱼越有可能带籽，此时就可以制成风味更佳的寿司。

银鱼全身呈白色，这是其特征所在，因此在煮制时，需选用不会使其变色的汤汁，这点很重要。本店用酒、味淋、砂糖、盐和少量的淡口酱油制成汤汁。味淋和砂糖的甜味可以抑制银鱼的苦味。酱油则可以抑制银鱼的腥味，发挥其风味，因此我会加入极少量的淡口酱油，这种酱油的颜色也较浅。

将银鱼短时间加热1分多钟，再将银鱼和汤汁分离开，各自冷却。此时在汤汁中加入洗去盐分的渍樱花叶，让汤汁沾染"春天的香气"。再将银鱼回锅，吸收少许汤汁的鲜味和樱花的香气，银鱼便会给人一种春天的感觉。

◈ 用汤汁煮制

好看。
形，因此焯水前要摆成直线，焯水后造型才能地弯成『く』时，银鱼会自然一步的话，焯水放整齐。不经这地放入沥篮中摆的银鱼后，竖直用盐水清洗生鲜

◈ 将银鱼垂直摆放

红肉鱼的处理

白肉鱼的处理

青光鱼的处理

虾、虾蛄、蟹的处理

乌贼、章鱼的处理

贝类的处理

酒煮银鱼

鲜汤酱油腌鲑鱼籽

岩 央泰（銀座 いわ）

鲑鱼子是先将鲑鱼卵逐粒分离开，再用调料腌渍调味而成。多是以酱油味为主，可单独使用酱油，也可酌情添加酒、味淋、鲜汤和盐等。一般来说，人们会用海苔卷鲑鱼籽，制成军舰寿司，但也有很多人会用鲑鱼籽制作下酒菜。

鲑鱼籽的原料——鲑鱼的卵巢。夏末至年末都可以制作鲑鱼籽，最早上市的鲑鱼籽外皮柔软，味道也很淡，之后便越来越硬，味道也会更浓。鲑鱼籽的产地有日本和阿拉斯加等。

◆ 浇热水，使鲑鱼卵巢逐个分离

浇热水烫洗，剥去包裹着卵巢的薄皮，再用筷子快速搅拌，直至将鲑鱼籽逐个分开。这一步需要在短时间完成，不能使鲑鱼籽受热变熟。待鲑鱼籽分开后，迅速倒掉热水。

◆ 反复水洗

倒入足量的水，用手掌搅拌并左右摇晃容器，让鲑鱼籽完全分离开（上图）。扔掉浮起的污垢（下图）。附着在鲑鱼籽上的黏膜、血管和破碎的鲑鱼籽等污渍都会浮起，要反复水洗，直至洗净为止。

与鲣鱼鲜汤酱油一起食用的鲑鱼籽

处理鲑鱼籽时，要分离开卵巢薄皮包裹着的每粒鲑鱼籽，除净污渍后，用汤汁浸渍入味。

我会先用热水烫洗使鲑鱼籽分离，这一步的关键在于不能使鱼籽过度受热。也可以从头到尾都使用常温水和温水清洗分离鲑鱼籽，但若先使用高温接近沸腾的水，再用长筷快速搅拌的做法，则可以快速褪掉包裹着鲑鱼籽的薄膜，更快地分离鲑鱼籽。

这一步如果耗时过长，鲑鱼籽内部就会变熟，所以必须要快速搅拌。这样鲑鱼籽便不会因受热而收紧变硬。

将鲑鱼籽分离后，反复浇水，搅拌并冲净污渍。这一步需要根据时节的不同而调整水温。夏季最先上市的鲑鱼卵巢尚不成熟，包裹着鲑鱼籽的皮膜较柔软，到了秋季至冬季，则越发成熟，会变得越来越硬。

另一方面，夏季的自来水温度较高，如果不降低第一次水洗的温度，热气就会透过包裹着卵巢的柔软皮膜，鲑鱼籽也容易破损。所以这里有一个窍门，就是在第一次水洗时，在水中加冰以迅速冷却。皮膜较硬的冬天则可以用热水清洗两次。

最后的重点便是汤汁的味道。本店使用的是"鲣鱼高汤酱油"，浓郁的鲣鱼段风味是特征所在。汤汁的味道很温和，不会太咸，可以直接食用。在汤汁渗透压的作用下，鱼肉会呈现出弹软的口感。加入酒和日本柚子皮，增强风味。

◆ 撒盐着色

水洗完毕后，鱼籽中加入一把盐搅拌。在水洗过程中，部分鲑鱼籽颜色会变白浊，撒盐可以使其恢复至透明的橙色。放在沥篮上静置一段时间，沥干水分。

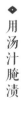

◆ 用汤汁腌渍

将鲣鱼高汤、酱油、酒、削好的日本柚子皮混合后煮沸，冷却后放入鲑鱼籽，腌渍半日以上以入味。为保持鲑鱼籽的理想味道和口感，在2~3天内使用完毕。

盐渍鲑鱼籽

佐藤博之（はっこく）

如何取下鲑鱼卵巢的薄皮等，这些预处理及调味方法都凝结着寿司店的智慧。下面将介绍鲑鱼籽的第二种处理方法，即佐藤博之厨师的处理方法：不用热水，直接用手将鲑鱼籽分离后，再放入常温的盐水中清洗，让盐成为鲑鱼籽的主要调味品。

秋季是最适合处理鲑鱼籽的季节。将鲑鱼卵巢中的鲑鱼籽逐个分离，用盐等调味料调味。「在市场中选择鲑鱼籽粒粒分明、卵膜柔软、脂肪较多的鲑鱼卵巢。」佐藤博之厨师说道。

◆ 拆开鲑鱼卵巢

先拈下表面的鲑鱼籽，再用手指夹住卵巢膜，捋下剩余的鲑鱼籽（右图）。未处理干净的细筋部位也要仔细剥除（左图）。

◆ 用盐水清洗

将鲑鱼籽放入浓度为3%的盐水中，用指尖快速搅拌清洗（右图）。放在沥篮上，轻轻地左右摇晃以除去污垢（左图）。这一步要重复3次。淡水会使鲑鱼籽变为白浊，盐水则可以维持鲑鱼籽的橙色。

与赤醋饭更相配的盐味鲑鱼籽

有些寿司店会将制好的鲑鱼籽冷冻起来，以备一年使用，因此鲑鱼籽的最佳食用季节也变得模糊起来。实际上，鲑鱼在 9~10 月开始抱籽，这时就是鲑鱼籽的最佳处理季节。本着"不旬不食"的理念，本店只在这两个月内提供鲑鱼籽寿司。

我尝试过多种鲑鱼籽的预处理方式，最后决定使用如今的方法。处理时用手指将鲑鱼籽逐个分离捋下，用盐水清洗后放在沥篮上除去水分和污渍。如果将鲑鱼籽浸泡在热水中，就可以让卵巢膜快速脱落，鲑鱼籽也会散开，但我想让鲑鱼籽在完全不受热的条件下分离，因此我会多花些时间，直接用手捋下鲑鱼籽。接着用于清洗的盐水（浓度 3%）也是常温状态。

在这一步使用盐水，是要让鲑鱼籽保持紧实的口感，若是用纯净水的话，鲑鱼籽的口感就会软塌，像是有水分渗入。不管怎样，长时间接触空气会使鲑鱼籽的表皮变硬，因此需快速水洗，这是关键。每次的清洗工序在 10 秒左右，重复 3 次即可。

说到调味的方法，人们一般会用酱油腌制，本店会以盐味主料，再加入少许酱油腌制。这种做法的原因在于，本店的醋饭是由味道浓烈的赤醋制成的，与味道偏浓的酱油不相配，所以使用其他食材时也是不涂或少涂煮制酱油。

加盐，使鲑鱼籽刚好собест味即可。每天尝味，若感到味道太淡，此时可再加盐，4~5 天内将所有的鲑鱼籽用完。酱油腌制等方式可以让鲑鱼籽完全浸没在液体中，使其外皮鼓起，口感极具魅力。但盐渍可使鲑鱼籽呈现出入口即化的柔软口感，随着黏滑的鲑鱼籽在口中溶化，鲜味也迸发出来，是独具一格的美味。

用盐和煮制酱油完成调味

将鲑鱼籽移至容器中，撒盐拌匀。淋一圈煮制酱油稍加调味搅拌即可。用保鲜膜等工具裹住，放入冰箱中熟成。

沥干水分

将厨房纸巾铺在笸箩上，再平铺放置鲑鱼籽，用纸按压鲑鱼籽，除去表面的水分，如果表面有污渍，也能在这一步除去。

右图为当日制成的鲑鱼籽，左图为静置第 3 天的鲑鱼籽。每天尝味，若味道过淡，则加盐调味即可。制好的鲑鱼籽可当天食用，但静置到第 3 天的味道最佳。

煮葫芦条—①

神代三喜男（鎌倉 以ず美）

　　煮葫芦条是种很受欢迎的食材，可用海苔卷成寿司，也可制成下酒菜。葫芦条有漂白和非漂白两种，这里神代三喜男厨师将讲解如何对漂白葫芦条进行预处理，以及如何将葫芦条煮出脆爽口感的技巧。

干葫芦条有漂白和非漂白两种，图中为经过漂白的葫芦条。用二氧化硫熏过后，可以发挥防虫防腐的作用。按照海苔的大小，切成约20厘米的长条进行处理。

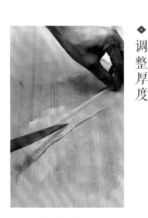

◆ 调整厚度

为防止煮制时入味不均，将较大或是较厚的葫芦条单独切成合适的形状。我这次将宽约2厘米的葫芦条切分成1厘米宽度。

◆ 焯水

锅中放入可没过葫芦条的水中，用纸盖覆盖住，焯煮约20分钟，等到用指甲能轻易在葫芦条上掐出一个洞时，即为焯煮完成，之后从水中捞出冷却，拧干水分。

◆ 盐揉葫芦条

二氧化硫具有水溶性，因此需用水浸泡整晚除去残留，第二天沥干水分再盐揉。抹上足量的盐，用力攥住清洗，直至除去漂白的味道，接着在流水下揉搓洗净。

用脱水机甩掉水分，浓汤煮制收汁

市面上售卖的多是漂白葫芦条。二氧化硫熏过后，葫芦条可维持白色的色泽，也可以起到防腐等作用，更利于储藏。二氧化硫可溶于水，因此在水中浸泡一晚，再用盐揉的方式水洗，即可除去二氧化硫成分，同时可除净气味，煮成美味的葫芦条。

煮制葫芦条时，有两点必须注意。第一点是要切整形状，很多葫芦条的大小和厚度分布不均，直接煮制会导致味道和口感的不均。并且，即便将葫芦条切成均匀厚度和大小，若形状过大，也会影响入味和口感。

因此，葫芦条经预焯水阶段变柔软后，要切分成宽约1厘米、厚度适中的形状。尤其是在制作细卷寿司时，需将葫芦条包在中间部位，均衡的味道和口感十分关键。

第二点是，在煮制前甩干葫芦条的水分。本店会先将焯葫芦干焯水，再切整齐，接着放入脱水机中甩制5分钟左右，除净表面水分。煮制的汤汁中不加水和高汤，只添加酱油、粗粒糖和味淋。汤汁的量较少，煮至汤汁黏稠，能挂在葫芦条上。

若提前除净水分，葫芦条会更易入味，煮制时间较短，葫芦条就不会因受热过多而变得太软。葫芦条在预焯水后就变得足够柔软，同时保留了适度的口感，与舌头接触时也不会黏糊糊的，会呈现出清爽的味道。这样制成的葫芦条利于储存，也能让调味工序一次完成。

图片介绍的是用竹帘卷成的葫芦条寿司，但本店通常会制成手卷寿司，以发挥海苔的酥脆口感。

◆ 脱水

将葫芦条收集起来放入清洗网中，用脱水机经5分钟左右甩干水分。如果能在这一步除净水分，葫芦条将更容易入味，煮成的葫芦条也不会水分过多，口感很好。

◆ 用酱油和粗粒糖煮制

将粗粒糖和酱油煮沸，待粗粒糖溶化后立即放入葫芦条煮制（上图）。开大火，用筷子不停搅拌，使葫芦条均匀入味，接着慢慢转小火。上色后（中图），加入煮去酒精的味淋。在煮制的后半阶段，翻锅搅拌（下图），煮20分钟左右，将水分熬干即可。

煮好的葫芦条呈湿漉漉的状态，极具光泽。平铺在笸箩上隔热，冷却后放入冰箱中储存。在挑选糖的种类时，要选择粗粒糖，这样可将葫芦条煮得兼具鲜度和光泽。

煮葫芦条——②

西 达广（匠 達広）

    "匠 達広"店中使用的是未经漂白的葫芦条，现在很少见。无需盐揉，直接预焯水，再用焯水后的汤汁煮制即可。这样便可制成味道咸甜、形状饱满、口感爽脆的煮葫芦条。

图为未经漂白的葫芦条。这种葫芦条很少在市面上流通，价格偏高。"味道和口感都很好，所以我很喜欢使用。"（西 达广厨师）按照海苔的大小，将葫芦条切25厘米左右长，开始处理。

拧干葫芦条的水分，取来焯水时用过的汤汁，加入水、砂糖、味淋和酱油制成汤汁。让汤汁刚好淹没葫芦条，开始煮制（左图）。不时搅拌翻面，保证加热均匀。待汤汁基本煮干后，摇晃煮锅，烘干水分（下图）。

◆放在笸箩上，冷却

图为煮至饱满柔软的葫芦条。迅速放在笸箩上，摊开，冷却。放入容器中储存。

兼具能与米饭融合的柔软和爽脆口感

　　从前，说到江户前寿司的"海苔卷寿司"，那一定指的是葫芦条细卷。我认为，和手握寿司一样，葫芦条与醋饭的平衡搭配也很关键。调味程度自不必多说，葫芦条要呈现出柔软的口感，与醋饭融为一体，海苔兼具松脆口感和香气，这样才能发挥海苔卷葫芦条的美味。

　　要想做出理想的海苔卷葫芦条，关键是要选择优质的食材，还要掌握焯水的时机。

　　本店使用的是未经漂白的葫芦条，看中的是它蓬松厚实的口感、深厚甜美的味道。包括在裁切和干燥方法在内，整体上给人一种制作精良的感觉。这种葫芦条的产量很少，价格较高，但我想按照自己的喜好煮制葫芦条，这便是不可或缺的食材。

　　在制作漂白葫芦条时，要用到二氧化硫，起漂白作用。需用水泡发后盐揉去掉二氧化硫，之后才能制成寿司。未经漂白的葫芦条则可以略去这一步骤，直接焯水，葫芦条的鲜味渗入水中，之后留作汤汁备用即可。

　　焯水工序必须一丝不苟地完成。用指甲掐葫芦条时，若能留下清晰的印记，便为煮制完成。焯水不到位的葫芦条仍然保留纤维，口感较硬；而受热时间过长的话，一经汤汁煮制，口感就会失去弹性，入口易碎。柔软中不失弹性，这才是葫芦条的美味之处。

　　使用酱油、砂糖、味淋，调制出甜咸味的汤汁。各店使用的汤汁会在甜度和盐度上有所差异，本店的汤汁有较浓的甜味和酱油味。

◆ 用汤汁煮制

将葫芦条水洗后，用足量的热水完成预焯水。放入小锅盖，使汤汁在锅中充分循环（右图）。焯水时间为15~20分钟。用手指和指甲掐一下葫芦条，若能留下明显的印子，则柔软度正合适（下图）。

◆ 葫芦条焯水

玉子烧—①

厨川浩一（鮨 くりや川）

玉子烧曾被称为"最能体现寿司店的烹饪水平"的一道菜肴。"厚玉子烧"是传统菜品，在鸡蛋液中加入鱼肉糜后煎制而成。首先为您介绍"蜂蜜蛋糕风玉子烧"，不仅包含整个鸡蛋，还会添加蛋白霜，口感十分柔软。

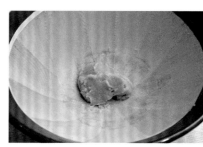

◆ 将黄新对虾制成虾糜

黄新对虾的虾糜是玉子烧的基础食材。除去虾壳及虾线，清洗干净，将虾肉放入搅拌器中搅拌，滤细，制成顺滑的虾糜。

◆ 加入蛋白霜

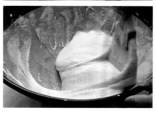

另取蛋清打泡制成蛋白霜，打发至泡沫峰尖端挺直不塌，这是制作玉子烧的关键一步。将之前的蛋液全部加入，拌均匀。用刮刀搅拌，防止破坏气泡。

◆ 加入山药和鸡蛋，打磨搅拌

在研钵中搅拌研磨黄新对虾，直至黏稠，逐次加入和三盆糖（原产自日本，是一种黑砂糖，色泽淡黄而颗粒匀细。——译者注）、山药泥、酒、蛋黄及蛋白，每次都用研磨杵搅拌混合至均匀。最后，加入少量酱油，增强香味。

将蛋白霜、和三盆糖和多量的黄新对虾混合，制成个性独特的美味

我个人认为，寿司店是"让客人食用海鲜的店铺"。玉子烧也是如此，食材中必须加入鱼肉，这才是寿司店的手艺。肉糜是主料，鸡蛋是辅料，这是我制作玉子烧的理念。

可以选用白肉鱼和虾类来制成肉糜，但江户前寿司基本会使用黄新对虾，本店也是如此。黄新对虾的肉糜兼具浓厚的味道、高级的香味和黏稠的口感，最适合用于制作玉子烧。

除黄新对虾的肉糜之外，还需使用山药、砂糖、酒和酱油等。但即便材料种类相同，搭配方式的不同，也会带来完全不同的味道和口感。我经过反复尝试，数十次改变配方，才摸索出如今的做法。

本店开店之初，就有很多客人会将玉子烧当作小菜而不是寿司食用，因此我特制出"小菜式玉子烧"。鲜味、香气和口感都富有层次，客人可以尽情食用。

因此，除常见的蛋清和蛋黄外，我会再加入蛋白霜，创造出极致的松软感和多汁感，再将砂糖与和三盆糖混合，引出香气及圆润醇厚的甜味。并且，我会少加些山药增稠，再加入大量的黄新对虾。

调味的重点在于，做出气泡极小的稳定的蛋白霜。并且，要细致地计算加热的火候和时间，烤出多汁的感觉。加入蛋白霜后，玉子烧的质地会变得极为柔软，中途翻面的话容易断裂，因此，刚开始的时候，我会在煤气灶上烧烤玉子烧的底部，再用烤炉烧烤玉子烧的上部，接着盖上铝箔纸蒸制，分3个阶段完成玉子烧的烧烤工序，便不需要将玉子烧翻面，也能烤制完成。

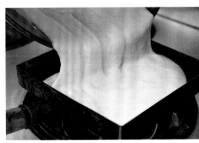

◆ 使用玉子烧器，从底部加热

将蛋液倒入温热的铜制玉子烧器中，开小火，烤30分钟左右。待玉子烧底部呈淡褐色，即可关火。

◆ 使用烤炉，从顶部加热

将玉子烧和玉子烧器一起移至烤炉中，小火烧烤约15分钟至焦黄色。再用锡箔纸盖住玉子烧，加大火候，蒸烤30分钟左右，加热中心部位。

图为烤制后的玉子烧。表面散发着香气，中部有绵密的气泡，质地柔软。无需握成寿司，直接切好便可提供给客人。

玉子烧——②

植田和利（寿司處 金兵衛）

现为您介绍玉子烧的第二种做法，"寿司處 金兵衛"流派的厚玉子烧，是以黄新对虾的虾糜和鸡蛋为基本原料，制作出来的玉子烧柔软湿润。将烤好的玉子烧翻面，用木盖"压紧"，这也是一种传统技艺。另一方面，植田和利厨师也将做出挑战，制作具有甜点风格的新式玉子烧。

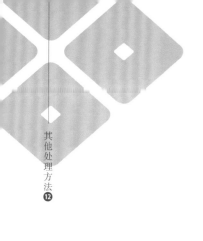

黄新对虾有很强的风味，肉质也很柔软，因此最适合打成虾糜后制成玉子烧。市场上一年四季都贩卖黄新对虾，而肉质最佳的时候是在冬季。在『金兵衛』店里，若带壳计算重量的话，那么黄新对虾的用量要比鸡蛋的用量还要多。

◆ 用菜刀剁碎黄新对虾

除去虾壳和背部的虾线，用菜刀剁碎，初步制成带有颗粒感的虾糜。"我想制成带有颗粒感的虾糜，而不是虾泥。"因此不使用搅拌器。先用刀刃剁碎，再用刀背敲打至黏稠状。

◆ 用研钵研磨

将虾肉移至研钵中，逐次加入盐、山药泥和砂糖同时研磨，虾肉会越来越黏，变成一团。在加入鸡蛋前，将虾肉捣成较硬较黏的质地。

◆ 加入鸡蛋，研磨

分3次加入鸡蛋。将鸡蛋与虾糜拌匀，这一步很重要。快速搅拌成顺滑的质地，同时防止产生气泡，最后加入少量酱油和味淋提味。

正面仔细烧烤，反面迅速烧烤

本店的玉子烧是加入黄新对虾、鸡蛋、有增稠作用的山药、砂糖等调味料而制成。本店的第一代店长就使用这种配料，但那时的玉子烧较薄，与伊达卷的厚度相似。第二代店长制出厚度近似3厘米的玉子烧，并改变烧烤的程度，使中心部位保持半熟，我继承了这种做法。

我们制作的玉子烧也很柔软，但与加入蛋白霜制成的玉子烧相比，仍有不同。本店的玉子烧质地松软，溶于舌尖时会有多汁感和厚重感。制作时用菜刀剁虾肉，直至黏稠，再加入蛋液完全拌匀，严丝合缝地控制火候，呈现出美味的口感。

将蛋液加至烤盘的边缘，微火烘烤40分钟左右，翻面，即可烤制完成。只是最开始烘烤时，加热熟至7~8成，翻面后，只需凝固表面，玉子烧的中心部位保持半熟。使玉子烧一面呈焦褐色，一面呈明黄色。

翻面后，立刻用木盖摁压住玉子烧，再烘烤。这一步称为"压紧"，是制作江户前玉子烧时必经的一步。植田和利厨师解释道，轻轻按压柔软的蛋饼，使其"稳定"下来，就能给玉子烧带来浓缩感。

我也做出挑战，尝试了一些新方法。首先，我会将更多的黄新对虾肉糜加入蛋液中。上一代的主厨会在一块玉子烧中加入350克（带壳称重）的黄新对虾，我会加入500克的黄新对虾。此外，本店以前会在玉子烧中加入抹茶，提供给客人，现在已经不做了。但我正在尝试一种做法，那就是加入苹果蜜饯和肉桂粉，制成诸如苹果派风味的"甜品"式玉子烧。我希望做出更有趣味的玉子烧，作为饭后甜点提供给客人。

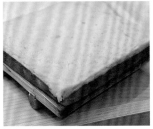

◆用木盖压紧，静置

滚动长筷子，擀平玉子烧的表面，用木盖轻轻压住，逐次加热玉子烧的1/4部分（右上图）。无须上色，略微加热即可。烘烤完成后，翻转，放在木盖上，冷却10分钟（右下图）。在木盖上再次翻面，冷却。

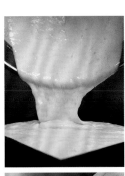

◆用玉子烧器烘烤玉子烧

在烤盘中抹米油，加热至冒烟，降至适宜的温度后倒入蛋液（右上图）。文火加热约40分钟。逐次烘烤蛋液的1/4部分，使受热均匀。待表面出现鼓起的薄膜时，翻面。中心部位的蛋液还是半熟状态。从蛋液下方插入3根长筷子（右中图），迅速翻面（右下图）。

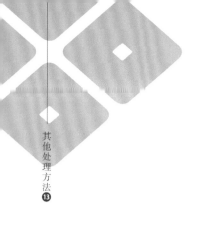

玉子烧——③

小林智树（木挽町 とも樹）

玉子烧的第3种做法，来自"木挽町 とも樹"，使用黄新对虾的虾糜和海鳗的肉糜，加入大量的液体调料，因食材和调料的搭配而独具特色。先分两块烧烤，再合在一起，开远火，长时间烧烤两面，即可制成较厚的玉子烧。

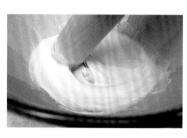

◆ 研磨佛掌山药

拳头状的佛掌山药有很强的黏性，可用来增稠。细细地磨成蓉，再用擂杵细细研磨至发泡。要制成松软的玉子烧，这是重点步骤之一。

◆ 加入鸡蛋

每次加入1个鸡蛋，轻轻打散，加入研磨好的食材中（右上图）。这一步也是为了制出口感松软的玉子烧。加入9个完整的鸡蛋和1个蛋黄，最后迅速加入打泡蛋清，搅拌即可（右下图）。

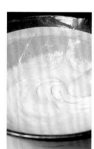

◆ 加入肉糜和调料

黄新对虾剁碎后，放入搅拌机中搅拌至顺滑（上右图下）。购入海鳗鱼肉糜（上右图上）。研钵中加入佛掌山药后，逐次加入黄新对虾、盐、海鳗，每次加入食材后都要磨细，研钵中各加入少量、砂糖过筛，将酒和味淋混合，研磨至均匀（上左图）。最后加入淡口酱油，提香。

加有虾糜和海鳗鱼肉糜的玉子烧，两块叠加烧烤

我从师父那里学到玉子烧的做法，并在食材、搭配比例、烤制方法等方面稍加调整，多次尝试，才做出如今的玉子烧。

以肉糜为例，如今很多店家只使用黄新对虾，但从前普遍使用的是白肉鱼，因此我会将黄新对虾和海鳗以 1：1 的比例混合，这是我从师父那里学到的方法。若只使用黄新对虾，玉子烧会很松软，如果加入海鳗肉的话，玉子烧的质地会更紧一些。

但是，不使用海鳗的话，玉子烧的味道就少一份醇厚，因此我尝试以 10 克为单位，逐渐增加黄新对虾，减少海鳗的用量，摸索出兼具柔软度与鲜味的配方。食材的配比为 10 个鸡蛋搭配 165 克黄新对虾、100 克海鳗肉。我也曾尝试用绿鳍鱼和贝柱肉代替海鳗，但口感和鲜味都不如海鳗。

在选择食材方面，与常见的山药相比，我会使用黏稠度更高的佛掌山药，使其与蛋液融为一体。放入研钵中，细细研磨，引出松软、有空气感的口感。此外，我会加入足量的味淋和酒，希望能够打造出顺滑柔软的甜点式风味。

本店的玉子烧很厚实，越厚越可以突出柔软的口感。但是，玉子烧变厚后，烘烤的难度会增加，因此可切分成 2 块，分别烘烤至 7 分熟后再叠加在一起，完成烤制。

我购入高 30 厘米的特制烧烤架，架在煤气灶上，远火小火慢慢烘烤。可以使火气进入玉子烧的中心部位，并且不会将外部烤焦，这种烧烤架可以包裹住火焰，保留热气，四边形的玉子烧器受热均匀，蛋液也就受热均匀，这是一个优点。

◆ 烘烤第2块玉子烧，叠加

◆ 烘烤第1块玉子烧

将剩下的 1/4 蛋液倒入另一个烤盘中，一边旋转，一边烘烤 25 分钟左右，放在第 1 块玉子烧上。第 2 块玉子烧朝下，放入烤盘中，烘烤约 20 分钟，用木盖压成均一的厚度（如上图），改变位置，着重烘烤受热不到位的地方。再翻 3 次面，制成。整个过程共需要近 3 小时。

特制的不锈钢烧烤架较高，架在炉子上，再放上烤盘（上右图）。加入 3/4 的蛋液，每隔 15 分钟，烤盘旋转 90 度，直至旋转一周，待表面有薄膜鼓起（上左图）时，翻面，再烘烤 10 分钟左右。翻转烤盘，取出玉子烧，放在木盖上。

醋饭、甜醋渍生姜（甜醋姜片）、煮制酱油、酱汁

这是寿司店必备的4要素，以6家寿司店为例，介绍它们的做法。

【醋饭】

除了米饭之外，还要挑选合适的醋，无论是赤醋，还是米醋，

或是二者的混合物，都要与食材平衡搭配，它也是寿司中的主要调料之一。

継ぐ 鮨政	鮨 わたなべ	鮨 一新

赤醋煮至一半程度，放入盐和砂糖静置溶化，倒入米醋搅拌后加入米饭中。因为赤醋的酸味易挥发，且很难持续至深夜，因此将赤醋浓缩后，保留住其鲜味的精华，再用酸味持久的米醋加以补充。

我使用的大米产自富山县或新泻县的"越光"水稻，焖煮成口感略硬的米饭。寿司醋的配料为：2升醋、150克精盐、30克藻盐、80克砂糖，甜度不高。醋是将"金将"牌米醋和"水仙"酿造醋（都产自横井酿造工业株式会社）以3∶2的比例混合，制成调和醋。

我使用的大米种类为"越伊吹"，从新泻县的合作农家进货，放入烧炭的高压锅中，煮至粒粒分明。这种大米的特点是不易发黏、味道甜美、香气清爽。按照江户前寿司的传统配料，我在赤醋（"与兵卫""珠玉"。都产自横井酿造工业株式会社）中加盐，不加砂糖，制成调和醋。

鮨 くりや川	鮨 太一	すし処 みや古分店

右图的米饭可搭配金枪鱼，以"与兵卫"赤醋（产自横井酿造工业株式会社）为主，混合"三ツ判山吹"（产自Mizkan Holdings），加入淡口酱油、砂糖和盐制成，有很浓的酸味和咸味。如今也会用于康吉鳗鱼和斑节虾。左图中的米饭较温和，是使用"琥珀"赤醋（产自横井酿造工业株式会社）制成。

我对大米的产地没有要求，会使用"颗粒饱满、形状鼓起、甜度较低的陈米"，焖煮得稍硬些。将赤醋和米醋以1∶5的比例制成调和醋，与米饭混合，再加入少量的盐。我使用的醋产自千叶县鎌ケ谷市（日本地名），生产自私市酿造株式会社。

我使用的是产自富山县的"越光"大米，用水淘净后，沥去水分，冷藏3天，再用冷水焖煮。这样可以使米饭略微皲裂，提高寿司醋的吸收率。将米醋和赤醋（"珠玉"牌。产自横井酿造工业株式会社）以6∶1的比例混合，制成调和醋，甜味比咸味更明显一些。

【甜醋渍生姜（甜醋姜片）】

甜醋姜片用于清口，关键是将酸味、甜味、辣味搭配均匀。

继ぐ 鮨政	鮨 わたなべ	鮨 一新

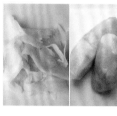

将生姜切成薄片，用热水焯一下，用米醋（产自横井酿造工业株式会社）腌渍制成。本店也会根据客人的喜好、外卖、送礼需求等，使用市面上的醋渍姜片，手作的甜醋姜片会在推荐套餐及常客的要求下提供。

除甜醋姜片外，我会再准备一些姜片，用于制成下酒菜。姜片切成薄片，加入"千鸟醋"（村山酿造株式会社）、三温糖和味淋，制成甜醋姜片（左图）。下酒菜中的姜片则不加砂糖，制成咸味即可。使用完整的姜块腌渍（右图），提供给客人前切厚片即可。将米醋和赤醋混合，制成调和醋，腌渍即可。

将姜片切成薄片，备用。无须让姜片的味道过浓，调制出温和的酸味和甜味，"余味清爽"即可。配料有：苹果醋（产自横井酿造工业株式会社）、味淋、盐为主、砂糖少许。

鮨 くりや川	鮨 太一	すし処 みや古分店

将国产的生姜削成薄片，用热水焯一下，沥干水分，再撒盐混合，冷却，水洗，拧干水分。将米醋、砂糖、盐和水混合，制成甜醋，煮沸，冷却。再将冷却后的姜片放入甜醋中，腌渍2天左右，味道微甜。

这是由高知县的批发商制成的姜片，盐渍1晚后，焯水，使姜片变得柔韧。用手拧干水分，将米醋、少量的水、盐、砂糖混合，制成甜醋，腌渍1晚以上而成。加入砂糖的作用在于缓和姜的辣味，微辣即可。

我会分别切成姜片和姜块，但调味方法相同，将赤醋和米醋混合后，加入砂糖以突出甜味。一般会提供姜片（左图），在客人食用油脂较多的寿司后，我会将其切成5毫米左右的厚片（右图），提供给客人，带浓浓的辣味，可以起到清口作用。

【煮 制 酱 油】

常抹在腌鱼肉或寿司食材上，起到最终的调味作用。一般是将浓口酱油、酒和味淋混合制成。

継ぐ　鮨政

只需加入除去酒精的酒和浓口酱油，属于标准的寿司蘸料。与咸鲜味浓，搭配刺身食用的土佐酱油相比，这种煮制酱油的咸味更加温和。

鮨　わたなべ

以浓口酱油和酒为主料，加入少量的味淋，与酒等量的水，煮开。加水可以减弱咸味，制成清爽的风味。此外，需要加入少量的砂糖，不是要增加甜味，而是要"稍微提高煮制酱油浓稠度"，渡边健一厨师说道。

鮨　一新

以浓口酱油和酒为基本配料，辅以味淋的甜味和昆布的鲜味。煮开后无须取出昆布，直接储存。这是寿司的专用酱油。若要搭配刺身，需要用鲣鱼段代替昆布，制成土佐酱油，才可食用。

鮨　くりや川

改变酱油的比例，制成味道较浓的酱油（左图），搭配金枪鱼和鲕鱼等油脂较多的食材，和味道较清淡酱油（右图），搭配白肉鱼和乌贼等味道清淡的食材。将昆布在浓口生酱油（产自石川县能登）中腌渍1晚，捞出昆布后加入酒和味淋，煮沸，加入鲣节花，过滤即可。

鮨　太一

1升的浓口酱油和1/5量的味淋混合，加入昆布，煮沸。关火，无须取出昆布，直接放入冰箱熟成1周，提鲜。我以前也会加入煮去酒精的酒，但现在会多加些味淋，呈现出温和的味道。

すし処　みや古分店

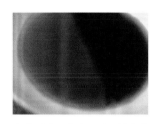

仅使用浓口酱油和酒，制成最基础的煮制酱油。使用名为"紫峰の滴"的专用酱油（产自紫沼酱油酿造株式会社），与煮去酒精的酒相混合，煮成煮制酱油。酱油在木桶中酿造，不进行加热，煮制酱油也是利用了它醇厚温和的口感。

【酱汁】

从名字可以看出，这是一种收汁得到的浓厚的酱油蘸酱。是搭配康吉鳗鱼、
文蛤、煮乌贼不可缺少的酱汁。

继ぐ 鮨政

在上次煮康吉鳗鱼所用的汤汁中，加入酱油和粗粒糖，慢火煮成酱汁。从上一代店主开始，就续用这种汤汁。这种酱汁的颜色较淡，呈暗红色、咸味略重，主要用于康吉鳗，但也可用于制作虾蛄料理。

鮨 わたなべ

图中的酱汁可以搭配康吉鳗鱼食用。以煮康吉鳗鱼的汤汁为主料，加入2成的粗粒糖，收汁，加入大豆酱油增加口味的厚重感。根据食材的不同选用不同的酱汁，例如用文蛤的汤汁制成酱汁，或是将煮康吉鳗鱼的酱汁加入乌贼的汤汁中，制成乌贼专用的酱汁等。

鮨 一新

在康吉鳗和文蛤的最佳食用季节，我会常备两种酱汁。每次煮过康吉鳗后，将剩余的汤汁收汁，加入酒、味淋和浓口酱油调节味道和浓度，与以前的酱汁混合起来（左图）使用。文蛤的酱汁也是如此，每个季节都使用同样的手法制作（右图）。

鮨 くりや川

将煮过康吉鳗鱼的汤汁进行过滤，用砂糖和浓口酱油调味，煮2小时，制成黏稠的酱汁。除了简单的酱汁外，还可以根据季节，添加日本柚子皮酱，并撒些花椒等增添特色。

鮨 太一

图为搭配煮康吉鳗的酱汁。在煮过康吉鳗鱼的汤汁中，加入浓口酱油和粗粒糖，放入康吉鳗鱼的鱼头和中骨，文火煮2天，第3天隔水加热，制成色泽、风味浓郁的酱汁。酱汁快要用完时，继续将剩下的汤汁积攒起来制作新的酱汁进行补充。

すし処 みや古分店

只准备康吉鳗鱼专用的酱汁。每次煮制康吉鳗鱼后，都将剩余的汤汁收集起来，攒足100条康吉鳗鱼的汤汁后，加入砂糖和浓口酱油，煮成酱汁。是鲜味大量浓缩，味道浓郁的甜味酱汁。

第二章 寿司店的小菜

刺身　昆布腌　醋紧

做法

①方头鱼的处理方法与寿司相同（参照40页），熟成2~3天后切稍厚片，将鱼皮快烤一下。

②真鲷需卸分成3片，剥皮后切段。

③真蛸在除去内脏后盐揉，除去黏液。用水洗净，在盐水（略咸）中加酒煮沸后，放入真蛸，放入小锅盖焖煮40~50分钟。煮好后捞出放在笊篱上隔热。切成可以一口吃下的大小。

④将①、②、③中的海鲜制成拼盘，配上芥末泥。根据个人口味，蘸盐或酱油食用。

❖ 三拼刺身
（鮨 まつもと）

在开胃菜之后提供的刺身拼盘。方头鱼全年都有，再选用白肉鱼、贝类和乌贼组合。

做法

①活宰牙鲆鱼（参照30页）。

②静置6~8小时后，将牙鲆鱼卸分成5份，再切成鱼段。

③长额虾带壳熟成1天，发挥出甜味。除去虾头、内脏、虾籽和虾壳，对半切开后，将虾尾一侧制成刺身（虾头一侧烧烤后握成寿司）。

④拟乌贼活宰后分解，熟成1~2天，使乌贼肉散发甜味。剥皮切册，单面切细斜刀花。切成小片。

⑤红螺*需取出螺肉，除去内脏后从中间向两边对半剖开。

⑥将②~⑤的食材放入盘中，配上芥末泥和盐*。

*红螺：海螺的一种，标准和名为小长辛螺。全日本都有分布，在能登市称作红螺。
*盐：将产自能登半岛海滩·轴仓岛的海盐研磨成粉后使用。

❖ **刺身拼盘**
（すし処 めくみ）

从图片下方的位置，沿逆时针方向，依次摆放产自能登市的牙鲆鱼、脉红螺、拟乌贼和长额虾。超大个的长额虾长度超20厘米，风味颇佳，是冬季不可或缺的菜品。

做法

①将真鲷切册，鱼皮冲烫后，直切成厚片。

②将鲜活的斑节虾剥壳去头，取出虾肉备用。炙烤虾头并剥去虾头的壳。在虾肉和虾头上挤些酢橘汁。

③北寄贝去壳，除去薄膜、外套膜和内脏后清理干净，取出蛤肉。切成易食用的大小，快速醋洗。

④将萝卜、黄瓜、襄荷拌在一起制成配菜，与绿紫苏一起放在竹叶上，分别盛放①、②、③中的食材。配上芥末泥和甜醋姜片，再放上酱油碟。

❖ 生鱼片三拼
（すし処 小倉）

根据客人的爱好，从白身鱼、红身鱼、青光鱼、虾、贝类中选择3种食材提供。

图中从右至左分别为：烫真鲷、生斑节虾肉、烤斑节虾头、北寄贝。

做法

①将鸟蛤、魁蚶和大黄蚬清理干净，切成合适的大小后制成刺身。魁蚶的外套膜亦可使用。

②制作煎酒。将罗臼昆布放入酒（纯米酒）中浸渍一晚。开火，快煮沸时取出昆布。

③在②中放入去核的咸梅干（盐分浓度13.5%，红紫苏腌渍），小火慢煮，煮至原有量的7成。再添入少量的酒，降低温度，放入鲣节花（不含血合的部分）煮沸。静置几秒后置于笊篱上沥干。

④将③中的食材放回锅中，放入盐和大豆酱油调味，沸腾后关火。冷却后使用。

⑤盘子上放萝卜丝和绿紫苏，将①中的贝类摆盘，配上芥末泥。④中的煎酒放入另一食碟中。

❖ 贝类煎酒拼盘
（寿司處 金兵衛）

蘸取煎酒食用的贝类刺身。鸟蛤、魁蚶、大黄蚬。为了使贝类的海鲜风味更为突出，可多搭配上煎酒食用。

❖ 鲣鱼配洋葱（鮨 福元）

鲣鱼的腹部肉搭配洋葱而制成的刺身。『学徒时期，我偶然将鲣鱼和洋葱组合，二者的味道很相配，我十分喜欢，便决定制成菜肴。』（店主福元敏雄厨师）

做法

①将鲣鱼的腹部肉切册，再切成5毫米厚的片。

②洋葱擦成泥，用纱布包裹，略微挤除水分。

③将①中的鲣鱼片摆放在盘中，加入少许②中的洋葱泥，并配合酱油食用。

❖ 腌渍鲣鱼（すし家 一柳）

初鲣切较厚的段，在煮制酱油中浸渍5分钟。配上香味浓郁的葱泥和用于制作生七味*的香料。

做法

①将鲣鱼卸分为3份，切册，之后切成稍厚的鱼段。酱油和味淋混合煮制后，放入鱼段腌渍5分钟。

②将切段的香葱放入研钵中，研磨至黏稠，加入少量姜汁，制成香葱泥。

③取出①中的鲣鱼段，用厨房纸巾擦干水分，放入盘中。将②中的葱末与生七味放在鱼肉上，用作佐料。

*生七味：市售的糊状七香辣椒粉。配料为红辣椒、花椒、生姜、生柚子皮、黑芝麻、海苔、盐。

❖ 洄游鲣鱼配新洋葱（蔵六鮨 三七味）

宣告着春天来临的洄游鲣鱼与新洋葱的搭配。添加些茗葱薄片，增添爽脆口感的同时，还能带来与大蒜类似的香气。

做法

①使用运输时朝上一面的鲣鱼肉，斜切薄片。

②将新洋葱和茗葱切成薄片，用水各浸泡30分钟。除去水分后拌在一起。

③在煮制酱油中放入少量茗葱泥和生姜泥，搅拌。

④在盘中盛放①中的鲣鱼和②中的蔬菜，淋上③中的酱料。

⑤淋上少许柚子醋即可。

❖ 稻草烤鲣鱼（鮨 まつもと）

用稻草熏烤，使鲣鱼表面略微受热。调料是「与熏香很般配」的芥子酱油。

做法

①鲣鱼带皮分成3份，在鱼肉一侧多撒些盐，静置1小时左右。

②将鱼肉中渗出的水分和盐分擦干。在稻草烤制专用的罐子中，放入稻草，点火。待冒烟后，将大火吹灭。在罐子上架烧烤网，盛放鲣鱼段，以带皮的一侧鱼肉为主，烧烤两面。从罐子上拿开后，静置少许时间，待其冷却。

③将②中的鲣鱼肉切成可以一口吃下的大小，并盛放在盘子中，添加襄荷薄片等佐料。碟中倒入煮制酱油，加入芥子酱油。

昆布腌东洋鲈鱼（匠 達広）

东洋鲈鱼经数日熟成后，再用昆布腌渍。刷上少许煮制酱油，在鱼肉的中央部位塞入盐昆布细条，起到调味作用。

做法

①将东洋鲈鱼（产自富山湾）分成3份，剥皮，使用上身鱼肉。用纸包裹着放入冰箱，静置数日熟成。

②用拧干的湿毛巾擦拭真昆布，一片昆布上撒盐，盛放①中的东洋鲈鱼肉（若鱼肉过大，则竖着切成2等份）。鱼肉上也撒盐，再放上另一片真昆布。用保鲜膜包好，放入冰箱静置1晚。

③将②中的东洋鲈鱼斜片成薄片，并分别卷成环状，盛放在盘子中。配上盐昆布细条，刷上少许煮制酱油。在鱼肉旁边配上芥末泥。

火炙醋紧鲛鱼苗（鮨 太一）

鲛鱼苗即鲛鱼的幼鱼。它们肉质柔软，因此可以像腌鲭鱼一样，撒大量的盐和醋，制成味浓的醋紧鲛鱼苗。

做法

①将鲛鱼苗分为3份，带皮盐渍3小时。用水冲洗后擦干水分，用米醋腌渍1小时入味。

②擦去①的水分，除去腹部的鱼骨和小鱼刺。

③将②中的鱼肉切成一口食用的大小，以鱼皮为主进行烧烤（内部鱼肉不需烤熟），装盘。

金眼鲷浇汁嫩烤（鮨 くりや川）

金眼鲷刷上以酱油为主料的调味汁*，快速烧烤，再将鱼肉浸泡在调味汁中，使其入味。手工制作的醋渍昆布切碎，增加风味。

做法

①金眼鲷卸分成3份，切成一口食用的大小，带皮涂抹调味汁。烧烤鱼皮，再将滚烫的鱼皮放入调味汁中浸泡。

②制作醋渍昆布。将日高昆布切成合适大小，浸泡在米醋中，再放入蒸器中，蒸至柔软。置于笊篱上沥干水分，在表面撒满薄薄的一层糖粉。冷却，再用菜刀细细切碎。

③将①装盘，放上②中的少量醋渍昆布，再根据客人的喜好添加些芥末酱。

*调味汁：将酱油、酒、味淋混合，制成自家调味汁。

❖ 渍蓝点马鲛（鮨 まるふく）

将蓝点马鲛盐渍紧后，烘烤表面，制成腌渍物。先腌渍1天，从调汤汁中捞出后，再经1天熟成，引出鲜味。

做法

①将蓝点马鲛分成3份，保留鱼皮，双面撒盐。个头较大的蓝点马鲛需静置30~40分钟。

②用水冲洗掉①中的盐分，擦干水分。用铁钎串好，烤至鱼皮略焦，内侧鱼肉轻微上色即可。

③从②的鱼肉中抽出铁钎，鱼肉无需放入冰水冷却，直接趁热放入腌渍汁*中，在冰箱中熟成1天。

④从③的腌渍汁中取出鱼肉，擦干表面的酱汁，用纸密闭包好，放入冰箱中熟成1天。

⑤将④的鱼肉切成适口的大小，盛放在盘子中，再点缀少量赤柚子胡椒即可。

*腌渍汁：将味淋和酒的酒精煮去，放入酱油和鲣鱼段煮好，冷却、即可制成。

❖ 火炙金眼鲷（西麻布 鮨 真）

将带皮的金眼鲷鱼肉置于烧烤网上快烤。烤前先盐紧，并放入冷藏室中风干，用脱水巾除去水分，使鲜味更加浓缩。

做法

①将金眼鲷（产自千叶县铫子市）卸分成3份。保留鱼皮，在鱼肉的两面撒盐，静置30分钟左右，除去多余水分。流水冲洗后，用纸擦干水分，放入冰箱静置20分钟左右，使鱼肉能进一步渗出水分。再用流水冲洗后，用纸擦干水分。

②将①中的鱼皮朝下，放置在竹笊篱上，在冰箱内风口处静置50分钟，吹干表面水分。用脱水巾包裹住，放入冰箱熟成4~5小时。

③将②的鱼肉切成可以一口吃下的大小，放在大火预热好的烧烤网上，迅速炙烤两面。

④将③中的鱼肉取2~3块，盛放在盘子中，放入萝卜泥，浇点土佐醋、柚子醋、撒些一味辣椒粉，撒上嫩葱*花即可。

*嫩葱：小葱的一种，将产自高知县的青葱趁嫩时摘下。

❖ 醋昆布腌熟成鲭鱼（鮨 まるふく）

使用米醋和酒泡发而成的醋昆布，包裹住腌鲭鱼，熟成2天。装盘时夹入甜醋渍生姜，再用白板昆布包裹。

做法

①酒和米醋混合成调汤汁，放入专用于腌渍的较薄的真昆布，浸泡10分钟左右，即可完成泡发工序，制成醋昆布。

②将厨房纸巾铺在大块保鲜膜上，放上①中的醋昆布。将腌鲭鱼分成3份后，放在上面。在鲭鱼肉的上再铺一层醋昆布，用厨房纸巾和保鲜膜将鱼肉和醋昆布一起包裹起来。放入塑料袋中除去空气，置于冰箱中熟成2天。

③将水、米醋、砂糖、盐和酱油煮沸，制成汤汁，放入白板昆布快速焯水，无须捞出，直接静置冷却。使用前切成合适的大小。

④将②中的鲭鱼剥皮，切成薄片。夹入剁碎的甜醋渍生姜，铺上绿紫苏，再用③中的白板昆布包裹即可。

⑤将④的食材摆盘，刷上煮制酱油，配上芥末泥，撒上芝麻粉。

❖ 醋紧鲭鱼（寿司處 金兵衛）

醋渍的时间只有短短10分钟，醋紧程度很轻，客人因此能够同时尝到半熟的黏滑口感与清爽的风味，这便是此道菜的特点。

做法

①将鲭鱼分成3份，带皮抹上大量的盐，静置约2个半小时。水洗擦干水分。

②在谷物醋中加入极少量的砂糖，放入①的鱼肉腌渍10分钟，制成醋紧鲭鱼。沥干水分，除去小鱼刺，摆放在托盘等容器中，盖上保鲜膜，放入冰箱储藏。

③上菜时，剥去②中鱼肉的薄皮，切成适口的大小，配上绿紫苏和萝卜一同摆盘。辅以绿葱碎和生姜丝点缀。

做法

①将秋刀鱼分成3份，带皮撒盐，静置30分钟。水洗，擦干水分，再静置30~40分钟，同时沥干水分。

②在谷物醋中加入少量的砂糖和昆布，制成调味汁，放入①中的鱼肉，腌渍小于10分钟即可。沥干水分，沿着碗壁立住。盖上保鲜膜，放入冰箱储藏。

③上菜时，将②中的秋刀鱼切成适口大小，与绿紫苏、萝卜丝一起摆盘，点缀上辣椒味噌*即可。

*辣椒味噌：产自新泻县。将红辣椒盐渍后，与米曲和盐放在一起发酵熟成3年而成。这里使用的是市面上出售的瓶装辣椒味噌，混合萝卜泥使用。

❖ 醋紧秋刀鱼〔寿司處　金兵衛〕

当季的秋刀鱼用少量的醋腌渍，制成刺身。醋中添加了昆布的鲜味，可解秋刀鱼的油腻。配上辣椒味噌一同食用。

❖ 火炙秋刀鱼〔銀座　いわ〕

仅将鱼皮烧烤出香味，制成秋刀鱼刺身。将秋刀鱼肝脏制成肉松状，调成咸甜味，在鱼皮上点上少量的生姜末。

做法

①切下秋刀鱼的鱼头，取出内脏中的肝脏备用。将秋刀鱼分成3份，在鱼皮上抹盐，仅烧烤鱼皮部分。

②干煎①中的秋刀鱼肝脏，除去水分，用盐、酒、味淋、酱油调味。

③将①中的鱼肉切成易于食用的大小，装盘时鱼皮朝上。分别添加少量②中的肝脏和生姜末。

❖ 鲹鱼刺身（西麻布 鮨 真）

将香葱和绿紫苏放入研钵中，研磨至有黏性，添加生姜汁，放在鲹鱼刺身的上面，即为佐料。也可用在鲹鱼寿司中。

做法

①将鲹鱼（产自鹿儿岛县出水市）的鱼头切下，开背，除去脊骨和腹部的鱼刺。

②将①中的鱼肉抹上盐，静置约10分钟，以除去多余水分。用流水冲洗，切下背鳍和尾鳍，将鱼肉切成2份。

③将②中的鱼肉放入醋水中过一下，用纸擦干水分，剥皮。

④将③的鱼肉切成适口大小，在鱼皮一侧切出数道刀花。

⑤在研钵中放入香葱和少量的绿紫苏，研磨至有黏性，加入少量生姜汁混合。

⑥将④中切好的鲹鱼肉盛放入盘中，抹上酱汁，放上⑤中的佐料。

❖ 昆布腌日本下鱵鱼丝（鮨 渥美）

将昆布腌日本下鱵鱼切成细丝，配上葱苗和鹌鹑蛋，搅拌食用即可。

做法

①除去日本下鱵鱼（产自长崎县）的鱼头和内脏，开腹。剔去脊骨和腹部的鱼刺。水洗，擦干水分，撒盐，静置约3分钟。再次水洗，擦干水分。

②用甜醋对真昆布略加擦拭（在谷物醋中添加砂糖后溶化制成）。

③选取两张②中的真昆布夹住一块①中的鱼肉，用保鲜膜等包裹后，放入冰箱腌渍约5小时。

④取出③中的日本下鱵鱼，斜切成细条，再盛放在盘中。配上整个鹌鹑蛋、京丸姬香葱*和芥末泥。

*京丸姬香葱：获得静冈县认证的"静冈精选食材"之一，是与寿司店共同开发出的葱苗。

❖ 醋紧沙丁鱼卷（鮨 太一）

远东拟沙丁鱼经醋紧后变柔软，将绿紫苏、襄荷、甜醋姜片放在中心，制成海苔卷即可。

做法
①制作醋紧沙丁鱼（参考第80页）。
②将①中的沙丁鱼对半切成2份，再将2块鱼肉中较厚的部分对半切开。
③将②中的鱼肉取出2块，放在烘烤后的海苔上，添加绿紫苏、薄甜醋姜片、薄襄荷片，卷成海苔卷状。切成圆片后，盛放在盘子中。
④辅以绿紫苏、甜醋渍生姜和襄荷点缀。

❖ 康吉鳗鱼肉卷（继ぐ 鮨政）

新鲜的康吉鳗鱼在腌渍后，鱼肉具有透明感，切出细细的刀花后焯水，配上咸梅干和焯过水的芥菜，提供给客人即可。

做法
①将康吉鳗鱼开蝴蝶片，焯水（参照第148页）。
②擦干①中康吉鳗鱼的水汽，采用与海鳗肉卷相同的技巧，从鱼肉的边缘处开始切出细细的刀花，再切成2~3厘米宽的鱼肉。
③在沸水中加入少量的酒，放入②中的康吉鳗鱼后，迅速加热，沥干水分。
④将③中的食材摆盘，配上梅干（选用自家制作的咸梅干制成）、芥末泥、焯过水的芥菜和黄瓜丝。

❖ 香鱼刺身和盐渍香鱼酱（すし豊）

天然鲜活的香鱼料理，可以一口吃掉一条。鱼肉制成刺身，内脏制成盐渍酱。鱼杂碎和鱼皮则拍上猪芽花淀粉，加以油炸（第248页）。

做法
①将新鲜的香鱼（野生）用冰水紧后卸分成3份。将鱼肉、内脏、鱼杂碎（鱼头、鱼下巴、脊骨、腹骨、胸鳍）取下备用。
②将①中的鱼肉剥皮，用冰水清洗，擦干水分。切成适口大小，襄荷的叶子铺在盘子上，放上鱼肉，添加佐料（蓼叶、襄荷、裙带菜、红紫苏芽、菊花、芥末泥等）。
③制作盐渍香鱼酱。在①中的内脏中加入等量的大米味增，用菜刀剁碎后，放入容器中，在烤箱中将两面烤至蓬松干燥。将蓼叶放在盘子中，放入少量的盐渍香鱼酱即可。

「拟乌贼的甜味与舌头产生碰撞」（店主铃木厨师），能产生这样的效果，是因为这家店会将拟乌贼片成极薄片，提供给客人。红海胆与拟乌贼搭配得很好，因此常会添加些。

做法

①将拟乌贼（产自德岛县）剖开，除去内脏和腕足，将乌贼耳和外侧的厚皮也一并剥去。将乌贼肉竖着切成4等份。此时的乌贼肉两面都有几层薄皮，因此用鱼筷（金属质地的长筷子）插入乌贼皮和乌贼肉中间，采取类似于菜刀剥乌贼皮的手法，将鱼筷从乌贼的一端移动至另一端，即可完成剥皮。

②在①中的乌贼肉表面平行着切出刀花，再斜批成极薄的乌贼片。取出数片乌贼肉，摆盘，挤上酢橘汁，撒盐，并配上芥末泥。

❖ 昆布腌甜虾（银座 鮨青木）

一般来说，昆布腌渍鱼肉的常用食材为白肉鱼，店主青木厨师也会使用虾、小鲜贝、长枪乌贼进行制作。要依照食材的不同进行调整，以抑制昆布的苦味和咸味。

做法

①去掉虾头，剥出虾仁备用。

②用米醋涂抹罗臼昆布，放上①中的甜虾，撒少许盐。再取来1块罗臼昆布，用干毛巾擦掉盐分后，铺在虾肉上面。接着用厨房纸将虾肉和昆布包裹在一起，用保鲜膜包裹好。

③将②中的食材置于常温环境下，静置1~2小时，再放入冰箱静置约8小时。

④剥下③中的昆布，将甜虾摆盘。若甜虾有籽，也可点缀上少量虾籽。

❖ 昆布腌白虾配海胆（藏六鮨 三七味）

富山湾特产的极小白虾与海胆的组合。「白虾经昆布腌渍数小时，味道渗入虾的每一个细胞，十分美味。」店主冈岛三七厨师说道。

做法

①白虾仁上撒少量盐，静置约20分钟。

②罗臼昆布放入酒中泡发30分钟，取出后擦拭表面。准备两个相同的不锈钢托盘，先在一个托盘中铺好昆布，再将①中的虾肉均匀平铺在昆布上，接着再铺一层昆布。将另一个托盘摞在铺好的昆布上，用橡皮筋绑紧，稍压。放入冰箱静置4小时，使其入味。

③将②中的虾肉盛放在鸡尾酒杯中，搭配马粪海胆，最上面放上芥末泥。点少许酱油，提供给客人即可。

❖ 盐水海胆（鎌倉 以ず美）

用冷水浸出新鲜盐水海胆中的盐分后，充分沥干水分，海胆刚打捞上来时的粒粒分明美感便可重现。提供给客人时，撒少量的粗盐。

做法

①沥干盐水海胆*中的盐水，将海胆放入冷水中浸泡约5分钟，除去盐分。

②将①中的食材放在沥篮上，在冰箱中稍加静置，这样做可沥干水分，同时可以让海胆内颗粒饱满。

③将②中的食材摆盘，撒些粗盐，配上珊瑚菜。

*盐水海胆：将海胆放入与海水浓度相同的盐水中浸泡制成，常在市面上流通的生海胆。此次使用的是虾夷马粪海胆。

珍馐

做法

①取出蓝点马鲛和鲥鱼子并水洗，用刀背捋去血管中的鱼血。取出商乌贼的鱼白并水洗，一起擦干水分。

②在密闭容器中加入盐曲（自家制），让①中的卵巢和鱼白完全浸没在盐曲中，合上盖子，放入冰箱腌渍约2周。

③取出②中的卵巢和鱼白，用烧酒清洗干净，擦干水分。

④将③中的食材摆放在沥篮上，盖上纱布后放入冰箱。不时翻面，约2周后即可完成干燥。

⑤将④中的食材放入塑料袋中，除去空气，放入冰箱储存。

⑥将⑤中的食材切薄片，摆盘。

❖ **春日干鱼籽**（すし 豊）

这家店不仅在冬季提供鳕鱼，在春季和秋季也会手工制作各种鱼类的干鱼籽。图中从上到下分别为：蓝点马鲛的卵巢、商乌贼的鱼白、鲥鱼子。

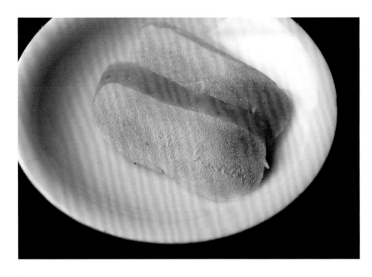

做法

①用汤匙轻刮鲻鱼籽，除去鱼血。抹盐，盖上保鲜膜，放入冰箱静置1天。

②取出①中的卵巢，去除盐分。待制作好的较浓的鲣鱼高汤冷却后，加酒稀释，再放入卵巢腌渍，放入冰箱中静置1天。

③擦干②中食材的水分，用两块木板夹住卵巢，固定成又薄又平的形状。放入风干专用的网兜中，悬挂在室外通风良好的地方，干燥3~7天时间。

④确认③中的卵巢周围变硬后，取下木板，将鱼籽再次放入网兜中，干燥2天左右。

⑤用脱水巾包裹住④中的卵巢，放入冰箱储存约1个月，待其慢慢脱去水分和脂肪。在这段时间内，需要每天更换脱水巾。

⑥制作即将完成时，卵巢的周围会生出一层薄薄的霉，因此要仔细地剥去薄皮。每块干鱼籽都要放在专用的袋子中，放入冰箱真空保存。

⑦提供给客人时，直接在袋子中解冻即可（提前一天放入冰箱解冻，或是当天浸水、常温静置）。切成薄片，摆盘。

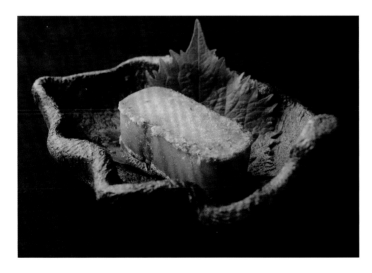

做法

①购入鲻鱼籽（挑选一对重500克左右的较大的卵巢），刮去鱼血。抹盐，放入冰箱腌渍2~3周。在这段时间内，每天调整卵巢的位置并翻面，使盐能够均匀分布。

②水洗①中的卵巢，擦干水分后，放入等量混合好的酒和烧酒中，浸渍约2天，去盐分。待鱼籽整体泡发到像耳垂一样柔软后取出。

③擦干②中的水分，摆放在铺有保鲜膜的笊篱上，再摞上一个笊篱。日晒干燥20~30天。

④将③中的卵巢切1厘米左右的厚片，用炭火将两面烤香。盛放在铺有紫苏叶的盘子中。

做法

盐辛墨鱼籽

食材选择春季抱籽的墨鱼。将墨鱼籽取出后，抹盐，接着装瓶。放入冰箱中，每天搅拌，使墨鱼籽熟成。2~3天后即可食用，保质期为3~4个月。

盐辛新秋刀鱼

①初夏时节捕获的新秋刀鱼，取用内脏，仔细去除鳞片和污垢。用酒清洗后，擦干水分。
②将①中的食材撒上盐，装瓶。放入冰箱中熟成6个月左右，每天搅拌。

盐辛长牡蛎

①长牡蛎剥壳，用盐酒仔细清洗牡蛎肉。取出后擦干水分。
②将沥篮放在密闭容器中，盛放①中的长牡蛎，抹盐，放入冰箱中静置1周。在这段时间内，每天翻面，沥去水分。经过1周的脱水，牡蛎仁会变小很多。
③将②中的牡蛎放入干净的沥篮中，裸露着放入冰箱储存一周，使其半干。期间每天翻面，保证水分挥发均匀。
④将③中的长牡蛎分成2等份或3等份，装瓶放入冰箱中，每天搅拌，熟成6个月即可。

◆ 盐辛三拼（鮨 一新）

图中从右至左分别为：盐辛墨鱼籽、盐辛新秋刀鱼、盐辛长牡蛎。除此之外，金梭鱼、乌贼、莫久来（用海蛸和海参肠制成的盐辛物）等食材也可以制成盐辛物。

做法

①取出太平洋斯氏柔鱼的内脏，注意不能弄破薄皮。内脏抹上盐，放入冰箱中熟成3天。取出后用水冲掉表面的盐分，拭去水分后滤细。

②剥去金乌贼（也称墨鱼）和白乌贼（也称剑尖长枪乌贼）的皮，将乌贼肉切成细条状。

③将①中的乌贼内脏和②中的乌贼肉混合，用烧得滚热的铁钎搅动，杀菌。加入少量的米味噌（使用酒曲制作）和味淋调味，放入冰箱内熟成1~2天。

④将③中的食材摆盘，放上马粪海胆（经过盐水浸渍）。

将金乌贼和白乌贼切条，与太平洋斯氏柔鱼肠拌匀，熟成。加入味噌和味淋，达到提味效果。

❖ 盐辛乌贼配海胆（新宿 すし岩瀬）

做法

①取出太平洋斯氏柔鱼的内脏，抹盐，放入冰箱静置1天。水洗后擦干水分，滤细。

②将太平洋斯氏柔鱼剖开，除去薄皮，水洗。拭去水分，阴干（根据乌贼肉的状态，干燥时间为0.5~2天）。

③将②中的乌贼肉切细条，与①中的内脏混合。每天均匀搅拌5次左右，放入冰箱中熟成。第2天就可以提供给客人，但放置3~4天后熟成更加到位，乌贼的味道会更鲜美。

④将③中的食材摆盘。

将太平洋斯氏柔鱼阴干，使鲜味更加浓缩。之后切细条，与盐渍乌贼肠混合。

❖ 盐辛乌贼①（鮨 はま田）

做法

①拔出太平洋斯氏柔鱼的腕足、头、内脏和软骨，洗净胴部。腕足可用于制作其他菜肴，留下用于盐辛内脏和胴部的乌贼肉备用。

②将①中的内脏滤细，用盐、酉和酱油调味。

③剖开①中的乌贼胴部，剥支，切成细条形。

④将②中的乌贼内脏和③中的乌贼肉混合，放入冰箱中熟成1天以上，装盘提供给客人。

选用10月至来年4月、在青森和北海道新捕获的太平洋斯氏柔鱼。将滤细、调味后的乌贼内脏和乌贼肉混合，熟成1天后，提供给客人。

❖ 盐辛乌贼②（飞寿司）

做法

①准备好剑尖长枪乌贼的耳和腕。在海水浓度的稀释盐水中浸渍约20分钟。

②在托盘上铺好厨房纸巾，沥干①中乌贼耳和腕的水分后，放在托盘上，直接放入冰箱中静置1晚，制成半干乌贼。

③将②中的食材切成便于食用的大小，与盐辛乌贼酱（产自青森县，市面有售）搅拌均匀。

④将③中的食材摆盘，配上切丝青柚子皮。

做法

①取出太平洋斯氏柔鱼的内脏，水洗，擦干水分，乌贼肉备用。

②在碗上摞1个笊篱，撒满盐，放入①中的内脏，再次撒满盐。放入冰箱中盐渍10~14天，中途更换2次盐。

③取出①中的乌贼肉（包括耳），剥皮，用浓度较高的稀释盐水清洗。擦净水分，置于阳光下晾晒2天半左右，制成稍硬的干燥乌贼肉。

④将③中的乌贼肉用料理剪切碎，放入容器中。

⑤用水清洗②中的乌贼内脏，擦干水分。剥掉薄皮后，剩余的部分放入④的容器中，加入盐和酒、少量味淋，用木制刮刀充分搅拌混合。放入冰箱后，每天搅拌并确认腌渍状态，待其熟成。根据乌贼肉的泡发状态（肉质柔软度），必要时需添加少量的酒和味淋。

⑥乌贼肉变软后的第3周左右，即可食用。在小碗中盛放少量，提供给客人。

做法

盐辛鲍鱼4部位

①鲍鱼肝对半剖开，抹上盐后放入冰箱中静置1天，之后放入酒中浸泡2天。

②用煮鲍鱼时使用的汤汁将鲍鱼肝煮制30分钟左右。拭去水分，滤细，撒盐。

③取出与鲍鱼肝相连接的管状内脏，抹上盐后放入冰箱中静置1天，之后放入酒中浸泡2天。

④用菜刀将鲍鱼齿（在鲍鱼嘴上分布的上下两片齿舌）切成小块，抹上盐后放入冰箱中静置1天，之后放入酒中浸泡2天。

完成

①将盐辛过的4个部位搅拌在一起，加入剁碎的干贝柱丁和干虾仁丁。放入冰箱静置2~3小时，使味道分布均匀。

②在马斯卡彭芝士中加入盐和少量的鲜味调料，搅拌均匀，放入冰箱中静置1天。与①中的食材混合，摆盘。

做法

①从鲍鱼壳中取出完整的鲍鱼肝，用酒浸泡，放入蒸箱中。大火会蒸裂鲍鱼肝，所以先开小火，待鲍鱼肝加热后，转中火蒸40分钟。取出并冷却。

②在米味噌中加入酒和味淋调味，开火，稍微熬炼。冷却，加入①中的鲍鱼肝，腌渍2天。

③从②中取出鲍鱼肝，擦净味噌，切成小块，装盘。

❖ 盐辛乌贼③（鮨処 喜楽）

将白乌贼腌制风干一夜，购入盐渍约2个月的太平洋斯氏柔鱼肉及内脏的浓味盐辛乌贼，将二者拌匀即可。

❖ 熟成盐辛乌贼（木挽町 とも樹）

将太平洋斯氏柔鱼的肉和内脏拌匀，一同熟成，制成自家的盐辛乌贼。每天搅拌，确认盐辛的状态，1~2个月后即可提供给客人。

❖ 盐辛鲍鱼肝配马斯卡彭芝士（银座 鮨青木）

分别将鲍鱼的肝、外套膜和齿处理好，制成盐辛制品，与产自澳大利亚的新鲜奶酪——马斯卡彭芝士混合。

❖ 味噌渍鲍鱼肝（鮨 太一）

鲍鱼肝带有苦味，同时风味浓郁，搭配上味噌酱的咸甜风味，这就是味噌鲍鱼肝。蒸鲍中也常会添加，起到调味作用。

❖ 盐辛牡蛎（鮨 太一）

将完整的牡蛎肉盐渍1晚，制成盐辛牡蛎。冬季选用长牡蛎，夏季选用岩牡蛎。保留牡蛎壳中的海水，与二杯醋一起使用。

做法

①将带壳牡蛎开壳，取出牡蛎肉。将牡蛎壳中的海水倒入碗中，留作备用。水洗牡蛎肉，拭去水分，撒盐，放入冰箱中静置1晚。

②将①中留用的海水过滤，与二杯醋混合，制成牡蛎醋。

③将①中的腌渍牡蛎肉切分成3~4块，摆盘，淋上②中的牡蛎醋。

❖ 虾夷盘扇贝卵巢刺身（西麻布 拓）

选用产自北海道的虾夷盘扇贝，早春时节正值产卵期，将通体为红色的卵巢制成刺身。口感滑腻，风味浓郁。

做法

①取出虾夷盘扇贝（产自北海道野付的野生扇贝）的卵巢，横着入刀，切成2块。除去内部的消化腺，水洗干净。擦干水分，斜切成片。

②将①中的食材摆盘，撒些盐和葱白碎，淋上芝麻油即可。

❖ 章鱼肝配章鱼卵（すし処 小倉）

选用活章鱼的肝（图右）和卵巢（图左），用酱油煮章鱼时使用的汤汁煮制。待冷却至常温状态，即为最佳食用时间。

做法

①从真蛸的胴部取出肝和卵巢，水洗。

②用纱布分别包裹住①中的肝和卵巢，加入酱油煮章鱼时使用的的汤汁（参考第118页），与章鱼足一起煮制1小时以内。取出，隔热，放入冰箱中储存。

③提供给客人前，切分②中的食材，装盘，淋上酱汁，配上芥末泥。

❖ 茶焯海参拌海参肠（鮻 きずな）

将海参放入粗茶中，迅速焯水至上色，除去腥味，制成茶焯海参，再用柚子醋腌渍，与生鲜海参肠和盐渍海参肠凉拌。

做法

①盐揉搓洗海参（产自兵库县明石市），除去黏液。水洗后，放入沸腾的粗茶水中，焯1~2分钟。捞出后用冷水洗净收紧。

②切掉①中海参的两端，竖着切成2等份，取出内脏。取出海参肠备用，将海参肉水洗后，切成小块，放入自家制作的柚子醋中，腌制1小时，沥去水分，储存起来。

③取出②中留用的海参肠，除去污垢，水洗，擦干水分，切成细条，与切丁的盐渍海参肠（盐辛过的海参肠，市面有售）混合，再与②中的海参肉拌匀。

④将③装盘，配上切丝柚子皮即可。

201

做法

糠腌鲭鱼（图片的上部分）

①使用整条鲭鱼，除去鱼头和内脏，撒大量的盐长时间腌渍。现在使用的糠腌鲭鱼是花4年腌成的。

②冲洗掉鲭鱼表面的盐分，擦干水分。置于调味后的糠床中腌渍8个月。

③从②中切下适量的鱼肉，除去米糠，略加烧烤。

豆腐糕

①将木棉豆腐切成2~3厘米大小，抹盐。密封好，放入冰箱中静置数日，待豆腐略微变硬。

②将①中的豆腐放在沥篮等器皿中，保证能沥去水分，之后直接放入冰箱中。静置数日，并时常翻面，直至豆腐变得干燥稍硬。

③将果酱状的红曲（市售的瓶装款）用酒等调味料稀释。放入②中的豆腐腌渍，置于阴凉背阴处密封保存，发酵半年。

④取出③中的豆腐糕，装盘。

味噌渍甲鱼卵

①分解甲鱼（雌），取出甲鱼卵（体内）。除去薄皮，水洗，取出单粒的甲鱼卵。

②将米味噌（自制）、味淋、酱油混合在一起，制成味噌床。

③将②中一半的味噌床涂在纱布上，摆放好①中的甲鱼卵。再铺一层纱布，涂上剩下的味噌床，放入冰箱中腌渍约1周。

④取出③中的甲鱼卵，装盘。

❖ 糠腌鲭鱼 豆腐糕 味噌渍甲鱼卵（继ぐ 鮨政）

用米糠拌盐腌渍而成的鲭鱼、用红曲腌渍冲绳的岛豆腐所制成的豆腐糕、味噌渍甲鱼卵，将这3种自家制作的珍馐组成拼盘。

❖ 半干口子（西麻布 拓）

三角形的是半干的生鲜海参卵巢（俗称『口子』或『海鼠子』）。四边形的是盐辛海参卵巢用酒泡发后再风干制成的。将二者放在炭火上烧烤，即可提供给客人。

做法

① 用细绳等工具，一条绳绑10个海参卵巢，揪住卵巢的尖端部位，使其呈三角形。在室温条件下，静置1晚，制成半干状。

②加酒，使盐辛海参卵巢（市面有售）泡发开，调整盐分含量，再将保鲜膜平铺，逐次放上少量的盐辛海参卵巢，使其更加伸展。保持这种状态，静置2天，待其干燥。

③将②中的盐辛海参卵巢从保鲜膜上拿下来，与①中的海参卵巢一起，放在炭火上慢烤，注意不能烤焦，最后一起摆盘即可。

❖ 酒盗渍生虾（鮨 太一）

选用肉质柔软、中等个头的虾，如宽吻长额虾（如图）、日本长额虾等，制成酒盗渍生虾。酒盗味道浓厚，是极为合适的调料。

做法

①将宽吻长额虾去头、去壳，剥出虾肉。

②选用鲣鱼肠腌制而成的酒盗（市面有售），加酒和盐，煮沸，关火冷却后，加入①中的宽吻长额虾，放入冰箱中腌渍半天。

③从②中取出宽吻长额虾，1根松叶串串起两只虾，装盘。

拌菜 醋拌菜 酱腌菜

在白芝麻拌料中加入芝麻油和绿紫苏丝。店主岩央泰厨师说道：「白芝麻拌料原本是用来凉拌带芝麻状斑点的花腹鲭鱼，这里将这种拌料与小鲜贝搭配。」

做法

①小鲜贝*水洗后，放在笸箩上沥去水分。之后放在厨房纸巾上，擦干水分。若有沙子、贝壳、皮之类的杂质，则需要清理干净。

②白芝麻炒制后，放入研钵中研磨，最后加入绿紫苏丝，拌匀。用盐和酱油调味，装盘。

*小鲜贝：蛤蜊肉（又称马珂蛤）的闭壳肌。

白拌茼蒿核桃（すし処 みや古分店）

茼蒿放入料汁中浸泡提鲜后，再用白拌酱凉拌。核桃切粗粒，与白拌酱混合，增强鲜香味。

做法

①用盐水焯茼蒿叶，之后放入冷水中。拧干水分，粗略切碎。

②将鲣节高汤、白酱油和味淋混合制成腌渍汁，放入①中的茼蒿，浸泡入味。

③将拧干水分的木棉豆腐、芝麻酱、砂糖和盐放入研钵中，研磨混合，制成白拌酱料。将②中茼蒿沥去水分，与切粗碎的炒核桃拌匀。

④将③中的食材装盘，撒上鲣鱼丝。

❖ **真鲹酱**（鮨 渥美）

店主渥美慎厨师会根据季节的不同，调整鱼肉和佐料的种类，制成酱料。将味噌与砂糖、醋、鲣鱼高汤混合在一起，制成甜酸味的酱料。

做法

①除去真鲹（产自鹿儿岛）的头和内脏，卸分成3份，剔去腹部的鱼骨，仔细去除小刺。水洗，两面抹盐，静置3~5分钟。再次水洗，擦干水分，用菜刀拍打。

②将信州味噌、砂糖、谷物醋、鲣鱼高汤拌匀，制成味增酱。

③在大碗中加入①中的鲹鱼、②中的味噌酱、襄荷碎和山玉簪碎、姜末，搅拌均匀。

④食用菊花瓣放入谷物醋水中焯水。放入冷水中冷却，再拧干水分。

⑤将③中的食材摆盘，配上山玉簪叶，放上④中的菊花瓣。将食材全部搅拌在一起，即可食用。

❖ **山药泥鳗鱼肝**（すし豊）

将蒲烧风甜咸味的酱汁涂在鳗鱼肝上烧烤，再浇上山药泥。购买食材时，只购入鳗鱼肝即可。

做法

①成批购入鳗鱼肝，水洗，擦干水分。抹上调味汁（酱油、酒、味淋、砂糖），烤制成蒲烧风味。放入容器中，置于冰箱储存。

②接到客人点餐时，将①中的鳗鱼肝放入烤炉加热，再淋调味汁，撒花椒粉。

③从②中选取数个鳗鱼肝，装盘，浇山药泥。在饭碗的中心部位打进鹌鹑蛋，配上芥末泥，提供给客人。建议将全部食材搅拌均匀后食用。

佛掌山药拌紫海胆（鮨 福元）

将饱满的佛掌山药切成方柱形，拌紫海胆，用酱油调味。海胆将呈现出酱汁般浓厚的味道。

做法

①佛掌山药去皮，切成方条，装盘。

②将紫海胆放在①上，添加芥末泥。加入酱油，拌匀食用。

小沙丁鱼凝冻（鮨 渥美）

以煮文蛤的汤汁为底，制成鲜美的凝冻。除小沙丁鱼外，可以根据季节情况，选用海胆、虾、康吉鳗鱼、蔬菜等搭配。

做法

①将煮文蛤的汤汁与鲣节高汤以同等比例混合，加热，并加入酒、盐、酱油调味。明胶用冷水泡发后，加入汤汁中溶化，过滤。用冰水冰镇锅底，将食材冷却。

②将腌渍樱花浸泡在水中，除去盐分，捞出后拧干水分。

③将②中的樱花装盘，倒入①。放入冰箱中冷却凝固。

④将生鲜的小沙丁鱼（产自静冈县御前崎）放在③上，再放上生姜蓉，提供给客人。

❖ 拌康吉鳗幼鱼（鎌倉 以ず美）

在1月下旬，选用新上市的康吉鳗幼鱼，让客人感受到春天的气息。将生鲜康吉鳗幼鱼调味后，让客人享受食材穿过喉咙的顺滑口感。

做法
①将康吉鳗幼鱼水洗后，置于沥篮上，沥干水分。
②将①盛放在鸡尾酒杯中，撒上葱花，打入鹌鹑蛋，淋煮制酱油。

❖ 康吉鳗幼鱼挂面（鮮 きずな）

康吉鳗幼鱼一般是加入三杯醋等，调成酸味，但我从乌贼挂面得到灵感，用面条卤来调制康吉鳗幼鱼，制成菜品。

做法
①用盐水清洗康吉鳗幼鱼，除去黏液，放在沥篮上，沥干水分。
②将①中的康吉鳗幼鱼装盘，淋面条卤*。
③用刀将山药细细剁碎，放在②上，撒上添加香葱碎、生姜末、紫苏花。

*面条卤：用鲣鱼和昆布煮成，加入酱油和味淋调味，冷却。

207

❖ **柚子醋拌白肉鱼皮和栌江珧**（吃寿司）

将方头鱼和鲷鱼的鱼皮焯水，冷却，使鱼皮收紧，切成细条。加入金枪鱼皮、栌江珧的外套膜等，使味道富于变化。

做法

①剥下方头鱼、鲷鱼、金枪鱼等鱼类的鱼皮，水洗，用热水焯一下。

②除去①中的血合肉及污垢，再次水洗。擦干水分，放入冰箱冷藏。待鱼皮冷却变硬后，切成细条。

③刮掉栌江珧外套膜上的黏液，水洗，擦干水分，切成小块。

④将黄瓜带皮薄切半圆形。

⑤将②中的鱼皮、③中的栌江珧外套膜、④中的黄瓜片搅拌混合，用柚子醋*拌匀。

⑥将⑤装盘，配上香葱碎和辣椒萝卜泥。

*柚子醋：自家制作，用酸橙汁、酒、味淋、酱油、红辣椒混合制成。

❖ **醋味噌拌黄瓜黄蚬子肉**（葳六鲔 三七味）

在稍稍加热的黄蚬子肉和盐揉黄瓜中，加醋味噌搅拌混合。选用产自北海道苫小牧的大个儿黄蚬子，色彩比较浓郁。

做法

①黄蚬子肉放入冷水中，加热至70℃左右。待其变为鲜艳的橙红色时，捞出并放入冷水中。

②擦干①中黄蚬子肉的水分，切成形。

③将②和盐揉黄瓜装盘。加入醋味噌（用西京味噌、米醋、味淋、酱油、砂糖制成），撒上炒好的白芝麻。

做法

①将油菜花切成合适的长度，迅速用盐水焯煮一下，放入冷水中浸泡，捞出后拧干水分。

②除去荧乌贼（上岸后焯过水）的眼、嘴、软骨。

③酱油和米醋（千鸟醋）与蛋黄混合，边隔水加热边搅拌。加热至黏稠，制成蛋黄醋酱油。

④将①中的油菜花、②中的荧乌贼装盘，淋上③中的蛋黄醋酱油即可。

❖ 蛋黄醋酱油拌油菜花和荧乌贼

（鮨 まつもと）

将上岸焯水的荧乌贼与盐水焯油菜花拌匀，是一道春季的当季菜。拌料为蛋黄醋酱油，味浓醇厚。

做法

①将面条藻（产自兵库县淡路岛）放入热水中，迅速焯一下，使之上色，放入冷水中。沥干水分，平铺在菜板上，将残留的小石子和沙子清理干净，再次清洗，沥干水分。

②制作腌渍汁。将鲣鱼高汤、三杯醋、自家制的酸橙醋（解说略）混合加热，加入少量的砂糖和味淋后冷却。

③将②中的腌渍汁淋在①中的面条藻上，放入冰箱，静置2小时左右入味。

④将③装盘，挤上酢橘汁。

❖ 面条藻（木挽町 とも樹）

每年，淡路岛的沼岛都会寄来野生的面条藻，其粗细与魔芋丝相同，口感丰富，极具特征。

做法

①洗净莼菜。在黄瓜上抹盐，水洗，和万愿寺红辣椒（熟透的红辣椒）一起切粗丁。

②将鲣鱼高汤、米醋、赤醋（酒糟醋）、淡口酱油、砂糖、盐混合，制成淡醋，溶入少量芥末泥。

③将①中的莼菜、黄瓜、万愿寺红辣椒放入②中的淡醋凉拌，装盘。

❖ 莼菜（鮨 よし田）

醋渍莼菜是夏季的一种开胃菜。用清爽的淡醋拌好，撒上黄瓜和万愿寺红辣椒，点缀色彩。

❖ 醋拌香箱蟹（鮨 わたなべ）

秋冬季时，将香箱蟹焯水，取出蟹肉和外蟹籽，塞入蟹壳中。春夏时节则改为毛蟹黄拌蟹肉。

做法

①将香箱蟹（雌性松叶蟹）带壳焯水18分钟。

②分解香箱蟹，仔细地取出蟹肉和外蟹籽，洗净，塞入蟹壳。

③在三杯醋*中加入头道高汤，挤生姜汁。

④将②装盘，配上酢橘片，再另外将③中的调和醋装碟，提供给客人。

*三杯醋：米醋、酒、味淋、淡口酱油、砂糖混合制成。

❖ 焯煮螃蟹（すし処 めくみ）

螃蟹是北陆地区冬季味道的代表，将蟹肉用盐水焯好后，塞入蟹壳。11~12月主要食用香箱蟹，但如图的雌毛蟹也能随时吃到。

做法

①将毛蟹带壳水洗。放入盐度为1%的纯净水中，焯15秒左右，即为初次焯水。再次水洗，放入盐度为1.7%的纯净水中，焯煮6分钟左右，完成第2次焯水。

②将①放在沥篮上，常温静置。以上手法均与香箱蟹（雌性松叶蟹）的初步处理（参照第98页）顺序相同。

③分解②中的毛蟹，剥出蟹脚的蟹肉、胴部的蟹黄和蟹肉，塞入蟹壳。

④将③装盘，配上蟹醋*。

*蟹醋：米醋、盐、白酱油、酒、味淋混合制成。

210

❖ 毛蟹拌干青鱼籽（銀座 いわ）

将富含口感的腌渍干青鱼籽切成小方块，与柔软的毛蟹肉搅拌均匀。配上以鲣鱼高汤为主料制成的蟹醋。

做法

①毛蟹带壳焯水，取出蟹肉，拆开。

②在锅中加鲣鱼高汤、酒、味淋、酱油并混合，煮沸后冷却，制成腌渍汁。

③将干青鱼籽放入浓度较低的盐水中，浸泡半天以除去盐分，之后擦干水分。放入②的腌渍汁中浸泡1天以上时间。

④制作蟹醋。将鲣鱼高汤、味淋、盐、米醋混合，煮沸，冷却。

⑤擦干③中的干青鱼籽的水分，切成小块，与①中的蟹肉凉拌，装盘。再将④中的蟹醋装入另一个盘子中，建议客人将蟹醋淋在食材上，搅拌均匀食用。

❖ 蛋黄醋拌蟹肉（銀座 寿司幸本店）

将松叶蟹和帝王蟹的蟹肉混合，用蛋黄醋拌匀。混合粗碾黑胡椒，呈现出淡淡的辛辣味，可与红酒搭配食用。

做法

①将松叶蟹胴部的蟹肉和帝王蟹的蟹肉拆散，混合搅拌。

②制作蛋黄醋。将5个蛋黄、50毫升米醋、50毫升味淋混合，隔水加热，不停搅拌。撒上粗碾的黑胡椒，搅拌均匀，冷却。

③放入蛋黄醋凉拌①中的蟹肉，装盘。配上黄瓜丝，撒上粗碾的黑胡椒。拌匀后，立即提供给客人，否则容易产生水分和腥味。

❖ 南蛮酱腌旋瓜幼鱼（すし家 一柳）

选用当季鱼类，用南蛮酱腌渍制成。图为捕获季在5月的旋瓜鱼幼鱼，是稀有的菜品。也可以制成一夜干鱼后，提供给客人。

做法

①水洗旋瓜鱼幼鱼（产自北海道），擦干水分。无须除去鱼头、鱼鳞、鱼鳍和内脏，直接抹面粉。用色拉油炸酥。

②锅中加入鲣鱼高汤、味淋、砂糖、米醋、淡口酱油、红辣椒圈，混合煮沸，制成汤汁。

③将②中的一部分汤汁倒入大碗中，放入①，迅速过一下，除去多余的油，浸泡在剩余的汤汁中，静置1晚，入味。

④将③中的旋瓜鱼装盘，用汤汁中的红辣椒点缀。

❖ 酱油渍鱼白（鮨 まるふく）

鳕鱼的鱼白很柔软，放入热水中，迅速地过一下。用酱油调出味道清淡的调味汁，放入鱼白腌渍半日。撒上七味辣椒粉，提供给客人。

做法

①用流水清洗鳕鱼的鱼白，除净鱼血。

②将①切成一口大小，放入热水中，迅速过一下。

③沥去②中的水分，在微热的调味汁*中腌渍半日。

④将③和调味汁一起装盘，撒七味辣椒粉。

*调味汁：煮去味淋和酒中的酒精，加入酱油和水，煮沸即可。冷却至微热状态，腌渍鱼白。

❖ 渍真蚬（継ぐ 鮨政）

改制自台湾菜「酱油渍真蚬」。在酱油制成的调味汁中，加入长时间熟成的味淋，用茗葱和红辣椒提味。

做法

①真蚬冷水焯水，待开壳后捞出。焯水后的汤汁不再使用。

②将酱油、酱油渍茗葱*、红辣椒加入熟成味淋（市面有售）中混合，再加入①中的真蚬，腌渍1天。

③将②中的真蚬和汤汁一起盛入碗中。

*酱油渍茗葱：选用露天生长的茗葱，切成合适的长度，用酱油腌渍制成。

❖ 油浸牡蛎（鮨 なかむら）

将牡蛎在热水中过一下，放入以酱油为底味的淡味汤汁中，迅速关火，调制出温和的味道。最后加入太白芝麻油*拌匀，提供给客人。

做法

①牡蛎肉（产自广岛县）水洗，放入热水中迅速地过一下，捞出后沥去水分。

②锅中加入味淋、酒、酱油和水，煮沸。加入①后立即关火。直接冷却，入味。

③沥去②中的汤汁，用太白芝麻油拌匀，装盘。

*太白芝麻油：使用低温压榨法制成的芝麻油，呈透明色，市面有售。译者注。

煮菜 蒸菜 烫菜

做法

①除去章鱼的内脏、眼、嘴，保留腕足和胴部连接在一起，盐揉，除去黏液。水洗后擦干水分，切下胴部，每4条腕足切成1块。每条腕足都要用擀面杖正反各拍打10次左右，使肉质变软。胴部用于制作其他菜肴。

②锅中加酒、水、酱油、砂糖，煮沸，制成汤汁。放入①中的章鱼腕，开盖用小火煮30分钟~1小时（根据腕足的硬度和大小调整时间）。从汤汁中取出，冷却。

③切分②中的腕足，装盘。

❖ 樱煮章鱼（银座 鮨青木）

在上一代店主的经营时期，『樱煮章鱼』便成为『银座 鮨青木』的名菜。如今的店主会缩短煮制时长，更好地发挥出章鱼的风味。

做法

①煮制真蛸（参考第120页）。

②取出①中的章鱼，切成较厚的圆片，与冷却成凝胶状的汤汁一起装盘。添加红紫苏芽和萝卜梗（夏季换成襄荷）。

❖ 江户煮章鱼（すし処 みや古分店）

用煎茶和酒煮制章鱼腕，连同章鱼冻一起上菜。本店制作章鱼寿司时也会使用这种方法。

牙鲆鱼缘侧煮鳕鱼白（银座 寿司幸本店）

将牙鲆鱼缘侧和鳕鱼白煮成咸甜口味的菜肴。我一直在使用同一锅汤汁来制作这道菜，并根据鱼类的不同而调整味道。

做法

①在保留鱼皮、鱼鳍和鱼骨的状态下，切下牙鲆鱼的缘侧。将鳕鱼白清洗干净。

②将煮白肉鱼的专用汤汁（酒、味淋、酱油调制而成）煮沸，加入适量的调味料，调味。加入①中的牙鲆鱼缘侧和鳕鱼白，煮出合适的柔软度。

③将②与汤汁一起装盘，放上生姜末和花椒芽。

蕨菜芽煮方头鱼白（葳六鮨 三七味）

4~5月份是方头鱼白的最佳食用时期，选用方头鱼白煮成菜肴。以白酱油为主料，煮成八方汁，放入方头鱼白，快速煮制，保留食材的白色。用蔬菜八方汁煮制蕨菜，一起提供给客人。

做法

①清理方头鱼白，切成一口大小，隔水加热10秒后放入冷水中。擦干水分，放进沸腾的白酱油八方*中。待再次沸腾后关火，等待鱼白冷却入味。

②将蕨菜放入碱水和铜板上，去涩味，水洗。放入沸腾的蔬菜八方*中，待再次沸腾后关火，等待蕨菜冷却入味。

③将①中的鱼白装盘，淋少量的汤汁。将②中的蕨菜切成合适的长度，放入盘中，添加切丝的日本柚子皮。

*白酱油八方：在头道高汤中加入白酱油、味淋、粗粒糖，调味而成。
*蔬菜八方：在头道高汤中加入淡口酱油和味淋，调味而成。

做法

①将鲛鳒肝切成一口大小，用流水清洗20分钟，拔掉鱼血等杂质。

②煮去酒中的酒精中加入水、砂糖和酱油，煮沸，加入①中的鲛鳒肝，大火煮20分钟。关火，直接在汤汁中冷却入味。

③沥去②中的汤汁，分成2份，装盘。

❖ 煮鲛鳒肝①（鮨 はま田）

无须先焯水，将鲛鳒肝切成小块后用流水长时间冲洗，再放入汤汁中，开大火煮至收汁，制成口感温和湿润的菜肴。

做法

①清理鮟鱇肝（产自北海道余市），切成厚1厘米、长5厘米的块。

②锅中加味淋、酒、酱油、水、砂糖，混合，煮沸，加入①，煮至收汁。

③将②中的鮟鱇肝切成适口大小，淋上汤汁，装盘，添加芥末泥。

❖ 甜咸鮟鱇肝 （すし家 一柳）

让鮟鱇肝均匀受热，切成一口大小，便于入味。在汤汁中加入生姜和葱白，减弱腥味。

做法

①除去鮟鱇肝的薄皮和筋，切成适口大小。抹盐，静置20分钟。

②将①加入沸水中，去涩味，焯水至再次煮沸，沥去水分。

③将鲣鱼高汤（解说略）、味淋、酱油、砂糖、生姜、红辣椒、葱白混合并煮沸，放入②中的鮟鱇肝，中火煮20分钟。直接在汤汁中冷却入味。恢复至常温后装盘。

做法

①除去康吉鳗鱼的内脏和中骨，切成蝴蝶鱼片，抹盐，揉洗。用毛巾（或使用丝瓜、刷子）擦拭鱼皮，除去黏液，再次水洗。

②锅中加水、酱油、砂糖，煮沸，加入①中的康吉鳗鱼，静静煮制。

③略微加热②中的康吉鳗鱼，关火，冷却，入味。康吉鳗鱼变为温热后，置于沥篮上。

④切分康吉鳗鱼，烧烤两面，切成适合食用的大小。

⑤在盘子上铺竹子，放上④中的鱼肉，淋酱汁，添加芥末酱。

❖ 煮康吉鳗鱼（𫚉寿司）

煮康吉鳗鱼是『𫚉寿司』店里的名菜之一，以入口即化的柔软肉质为优点。可直接握成寿司，也可以烧烤出香味后制成刺身。

做法

①除去秋刀鱼的头、尾鳍和内脏。水洗，将鱼肉切成大小相同的6段。

②在①中的鱼肉上抹盐，静置30分钟，用热水清洗，除去污垢。

③将②中的秋刀鱼下锅，加入同等比例的水和酒，使略没过食材，开火加热。待沸腾后，加入三温糖*和酱油，开始收汁时，加入有马花椒*、味淋、大豆酱油，再煮到汤汁几乎收干。

④冷却③，装盘。

*三温糖：绵白糖的一种，比中白糖精制度低，颜色为褐色。译者注。
*有马花椒：用酱油煮过的花椒粒。

❖ 有马特色煮秋刀鱼（鮨处 喜楽）

在酱油中加入花椒粒，煮制而成的秋刀鱼菜肴。还可以用酒和酱油制成调味汁，淋在煎好的秋刀鱼上，以小火烧烤，制成『烤秋刀鱼肝』，客人们也很喜欢。

做法

①将小沙丁鱼水洗，擦干水分，保留鱼头、鱼鳞、鱼鳍和内脏，涂盐，静置2小时。冲净盐分，用甜醋（米醋、砂糖、红辣椒、昆布混合制成）腌渍1小时。

②取出①，擦干水分，将沙丁鱼和色拉油一起下锅，倒入足够的色拉油，淹没沙丁鱼。小火煮3~4小时。

③将②中的沙丁鱼和色拉油放入容器中，冷却至常温后，置于冰箱冷藏。提供给客人时可以恢复至常温，也可以略微加热。

❖ 自制油煮沙丁鱼（すし家 一柳）

手作的橄榄油沙丁鱼。盐渍后，用甜醋腌渍，再用色拉油煮制3小时以上，鱼骨也煮到柔软，风味丰富，味道香醇。

煮文蛤仅在春季的3个月中提供，此时的文蛤肉较大、鲜味也最佳。提供给客人前，仕文蛤的内侧添加些芥末。

做法

①将数个文蛤肉摆放整齐，用铁钎串起水管部位，浸泡在大碗中，一边冲水，一边清洗，除净沙子等杂质。

②将①中的文蛤肉放入沸水中，焯煮约1分半钟。在文蛤的内脏将熟未熟之时，立即关火，否则文蛤肉会变得太硬。

③将②中的文蛤肉放在沥篮上冷却。撇去汤汁上的浮沫，加入酒、酱油和砂糖，煮掉2成的汤汁。待汤汁冷却后，加入文蛤肉，静置1天，入味。

④提供给客人时，从③的汤汁中取出文蛤肉，从侧面切开，制成蝴蝶片。除去内脏，将芥末抹在内部，合上牡蛎肉。

⑤盘中铺上竹叶，放上④，淋上酱汁。

杂色鲍经酒煮后，肉质变软，放入汤汁中并凝固后，加入生鲜的莼菜，制成清爽的夏日美味。

做法

①用刷子擦拭清洗杂色鲍（产自兵库县淡路），剥壳。

②将煮去酒精的酒和水混合，放入①中的杂色鲍，煮制1.5~2小时。煮至汤汁收干即可。

③从②中取出杂色鲍并冷却。在剩下的汤汁中加入鲣鱼高汤、酒、味淋、淡口酱油，煮沸。明胶用水泡发后，倒入汤汁中并溶化，用冰水裹住锅底，冷却。

④将③中的杂色鲍切成适口大小，放入容器中，倒入③中的果冻液，置于冰箱中冷却凝固。

⑤将生莼菜水洗后，放在沥篮上，沥去多余水分。

⑥将④装盘，配上⑤即可。

做法

①取下带桴乌贼的腕、头、内脏、墨袋和软骨，除去头部的眼睛和嘴。这道菜肴会使用含籽的胴部、腕和头。这些部位都要清洗干净，再擦干水分。

②在锅中加入酱油、味淋、酒和粗粒糖，煮沸，加入①中的乌贼。煮制2~3分钟，将卵巢加热至微温并略微凝固的状态。用筷子夹住胴部，确认乌贼肉的硬度。

③将②的胴部切成合适厚度的圈，盘中铺上竹叶，乌贼肉和汤汁一起盛放在盘中。这次将头和腕填进了胴部中，但乌贼籽较多的时候，则可以分开摆放。

将带籽长枪乌贼煮成菜肴，只有春季的少数时节才能吃到。这道菜肴的关键之处在于略微加热，使卵巢呈微温状态，使乌贼肉保持柔软。

做法

①除去荧乌贼（在海滩焯过水）的眼和嘴。

②用淡盐水清洗银鱼，在冰镇后的酒中腌渍2~3分钟，放在沥篮上（这样处理后，银鱼在加热时不易弯曲）。头道高汤、酒、味淋、淡口酱油和盐混合煮沸，放入银鱼焯水1~2分钟后捞出，待焯水的汤汁冷却后，再次将银鱼放入汤汁中浸泡。

③用盐水将油菜花焯过后，拧干水分，将油菜花放入由头道高汤、酒和淡口酱油制成的调料汁中腌渍。

④将②从调料汁中捞出，与①和③一起放入蒸箱中加热，倒入容器中。

⑤将头道汤汁、酒、味淋、淡口酱油、生姜汁和太白芝麻油混合并加热，添加溶水的葛根粉，搅拌，制成黏稠状。将鸡蛋液溶于水中，淋在食材上，凝固。

⑥将⑤浇在④上，撒上花椒芽碎。

选用初春的3种食材，制成本店的招牌下酒菜。搭配花椒芽的香气，让客人尽情体会到春日的感觉。

做法

①分解金乌贼（也称墨鱼），使用乌贼腕和墨袋。切分时，让数条乌贼腕连在一起，过滤墨袋，取出墨汁。

②在鲣鱼高汤中加入酒、砂糖和酱油，煮沸，加入①中的乌贼墨汁后，再加入①中的乌贼腕，煮熟。

③将②装盘，添加葱白圈。

在金乌贼墨汁贮藏量较大时制成墨煮。将金乌贼分解后，使用新鲜的金乌贼肉，当天制成菜肴。

❖ 伏见辣椒煮杂鱼（おすもじ處「うを徳」）

这是店主小宫健一学到的一道京都家常菜。用花椒粒调味，与小杂鱼干一起炒煮而成，可以冷冻储存起来。

做法

①将花椒粒反复焯水，以去除涩味，再沥干水分（制出大量的花椒粒，冷冻储存）。

②取出①中的部分花椒粒解冻，与小杂鱼干一起，加入酱油、淡口酱油、酒和味淋，炒干水分（大量制作，一起放入冰箱冷冻储存）。

③竖着切开伏见辣椒，取出辣椒籽。

④将③和②中的部分食材解冻，放入锅中，加入二道高汤、淡口酱油和味淋调味，煮干水分。静置2~3天，入味。

⑤将④装盘。

❖ 煮小芋头（すし豊）

煮鲍鱼时所用的汤汁鲜味浓郁，可以用于煮小芋头。静置1晚，入味后，将凝固后的小芋头带汤汁制成冷餐，提供给客人。

做法

①将小芋头剥皮，焯盐水煮至稍硬，沥干水分。

②将煮鲍鱼时用过的汤汁（用酱油、酒、砂糖和水调制而成）放入锅中，加入①中的小芋头，煮约20分钟。冷却至温热，放入冰箱静置1晚，入味。

③将②中的小芋头和凝固后的汤汁一起装盘，撒上鸭儿芹碎即可。

221

做法

①将黑鲍剥壳，用刷子刷干净，水洗。

②将酒、盐、昆布和水下锅，加入①中的鲍鱼，开火加热。煮沸后转小火，煮8~10小时。中途汤汁不足的话立即补充热水。

③将②的鲍鱼放入蒸箱中，蒸5小时。蒸好后，加入②中的汤汁加热，保持腌渍状态，直至提供给客人

④将③中的鲍鱼切成适口大小，与汤汁一起装盘。

❖ 蒸鲍①（鮨 一新）

如果希望能制出「更柔软、更美味」的鲍鱼，可以使用「先煮后蒸」的方法制成蒸鲍。将鲍鱼和汤汁一起提供给客人。

❖ 蒸鲍②（鮨 まつもと）

人们通常会选用香气浓并且柔软大鲍来制作蒸鲍，但本次将使用黑鲍。在上次使用的汤汁中加入酒、盐和水，蒸透鲍鱼肉。

做法

①取下鲍鱼（大鲍或黑鲍）的壳和肝，将鲍肉清洗干净，鲍鱼肝留下备用。

②在除去酒精的酒中加入水和盐，煮沸，加入前一次剩下的鲍鱼汤汁。

③将①中的鲍鱼放入托盘中，倒入②中的汤汁，没过鲍鱼肉。放入蒸箱中蒸3小时，将鲍鱼肉蒸透。

④营业前将③中的鲍鱼从汤汁中捞出，收汁，淋些在鲍鱼上（剩下的汤汁留着下次使用）。

⑤将①中的鲍鱼肝略加焯水，沥干水分。在除去酒精的酒中加入酱油和水，煮沸，关火，加入鲍鱼肝，腌渍20分钟。取出鲍鱼肝，储存。

⑥分别将④中的鲍鱼和⑤中的鲍鱼肝切成合适的大小，装盘，配上芥末。

❖ 蒸鲍③（鮨 よし田）

在酒中加入昆布，再加入带壳的鲍鱼，蒸2小时制成。鲍鱼肝也一起烹饪后切成小片，摆放在盘中。也可根据鲍鱼肉质的不同，剥壳蒸制。

做法

①鲍鱼带壳水洗。

②将煮去酒精的酒和利尻昆布放入托盘中，放入①中的带壳鲍鱼，盖上保鲜膜后放入蒸箱中，蒸大约3小时。先开大火，中途转中火和小火，根据鲍鱼的肉质和状态，决定是否要剥壳，并控制火候，蒸成肉质柔软的鲍鱼。

③取出②中的托盘，置于常温条件下，冷却的同时等待入味。

④将③中的鲍鱼肉和鲍鱼肝切成合适的大小，装盘。

❖ **柚子胡椒风味蒸鲍**（匠 達広）

将鲍鱼蒸煮8小时，肉质即可变软。在碗中加入足量的汤汁，加入柚子胡椒，突出香气和辣味。

做法

①清理鲍鱼（产自千叶县），取出鲍鱼肉和鲍鱼肝。在锅中加水煮沸，加入昆布高汤和酒，再带锅放入蒸箱中，蒸煮8小时。无须倒出汤汁，直接冷却。

②用淡口酱油和盐给①中的部分汤汁调味，制成比日式清汤稍浓的味道。

③将①中的鲍鱼切成适宜食用的大小，装盘，添加柚子胡椒。淋②中的汤汁。

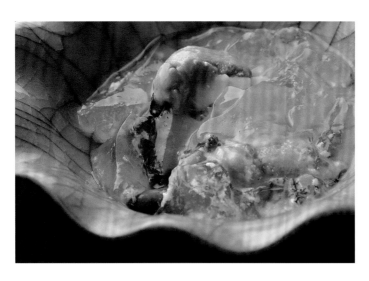

❖ **鲍鱼海胆配鱼冻**（おすもじ處 うを徳）

将肉质柔软、味道鲜美的大鲍进行酒蒸后，配上紫海胆，鲍鱼冻、白肉鱼冻拼成冷盘。

做法

①清理带壳的鲍鱼*，放入蒸碗中，倒酒，浸没鲍鱼。加入利尻昆布和少量的淡口酱油，放入蒸箱中，蒸2~4小时。

②将①中的汤汁倒入锅中，鲍鱼备用。在汤汁中加入二道高汤，煮沸，加入泡发好的明胶溶化。过滤，冷却至温热，倒入容器中，放入冰箱中冷藏凝固。

③将部分清鲜汤（参考第256页）放入冰箱中冷却凝固，制成鱼冻。

④将②中的鲍鱼切成适口大小，装盘，放上紫海胆。再放上②和③的鲍鱼冻和鱼冻。

*鲍鱼：本次使用的是产自千叶县大原的大鲍。平时多使用黑鲍。

酒蒸文蛤（銀座 寿司幸本店）

在寒冷的冬季，这是我提供给客人的第一道下酒菜。酒蒸制成的文蛤，既温暖又柔软。这种文蛤长3~4厘米，兼具味道与口感。

做法

①煮去酒精中的酒，加入一撮盐，放入文蛤肉。撇去浮沫，慢慢加热。

②将文蛤肉带汤汁装盘，放上小块的日本柚子皮。

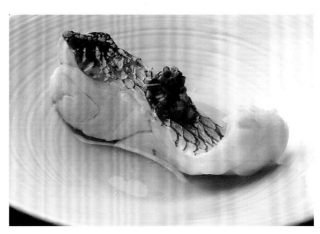

酒蒸方头鱼（鮨 ます田）

用酒和昆布调味制成的酒蒸真鲷，几乎是常年提供。用酱油稍加腌渍香葱，制成佐料。

做法

①将真鲷去鳞、带皮分成3份。在鱼肉一侧稍撒些盐，静置约30分钟，擦干渗出的水分。

②将①切成小鱼段，与少量的酒和昆布放入容器中。置于蒸箱中，蒸7分钟左右。

③香葱花上淋酱油，腌渍约1分钟。

④将②中的鲍鱼装盘，淋上蒸出的汤汁，放上③中的香葱。

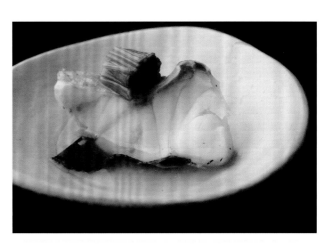

酒蒸云纹石斑鱼（鮨 わたなべ）

云纹石斑鱼是一种大型高级鱼，因高级的鲜味而颇受欢迎，制成酒蒸云纹石斑鱼。配上渍过的芹菜，用容器一起放入蒸箱中加热，热腾腾地提供给客人。

做法

①将云纹石斑鱼分成3份，带皮切成鱼册，再切成适口大小。

②在容器中铺上小块昆布，放入①中的云纹石斑鱼，撒盐和酒。开大火，放入蒸箱蒸3分钟。

③盐水焯水芹，拧干水分，浸泡在八方汤汁中。

④将②中的云纹石斑鱼和③中的水芹一起装盘，放入蒸箱迅速加热，提供给客人。

做法

①除去鮟鱇肝（产自北海道余市）中的血管，清理干净。将水、酒和盐混合，放入鮟鱇肝，浸泡1小时，除去鱼血。用厨房纸巾包裹，静置片刻，进一步除净鱼血。

②用保鲜膜等包裹鮟鱇肝，整理成形，提供给客人前，要放入蒸箱中，蒸约20分钟。

③制作柚子醋。将酸橙、柠檬、酢橘榨汁，与酱油、味淋、昆布、鲣鱼高汤混合，开火煮沸，冷却，放入冰箱静置1周，过滤。

④将②中的鮟鱇肝切成适宜食用的大小，装盘。淋上③中的柚子醋，配上生海苔。

❖ 鮟鱇肝（鮨 大河原）

产自北海道余市的鮟鱇肝味道鲜美、口感顺滑，蒸制后，提供给客人即可。

将3种柑橘类水果榨汁，制成柚子醋，搭配生海苔，与鮟鱇肝一起食用。

❖ 蒸鮟鱇肝（鮨处 喜楽）

圆柱形的蒸鮟鱇肝。制成当日配盐提供给客人即可。若是在第2日，则需要用自家的柚子醋、辣椒萝卜泥和葱调味，再提供给客人。

做法

①除去鮟鱇肝的薄皮，除去血管，切成合适的大小，撒上盐。静置30分钟以除去多余的水分，洗净。
②用厨房纸巾擦干①中鮟鱇肝的水分，用保鲜膜包裹成圆柱形。放入蒸箱中，蒸30分钟。
③取出②，冷却至温热，放入冰箱中储存。
④剥下保鲜膜，切成适口大小，装盘。配上自制柚子醋*、九条葱段、辣椒萝卜泥，提供给客人。

*柚子醋：将酢橘果汁、酱油、大豆酱油、昆布、鲣节花混合后，熟成1周，过滤后制成。

❖ 蒸海胆（すし处 小倉）

蒸好的马粪海胆会吸收昆布、酒和酱油的鲜味，呈现温和湿润的口感。昆布也切成小块，与海胆一起提供给客人。

做法

①在托盘中铺上日高昆布，放上马粪海胆，淋上酒，静置片刻。
②将①放入蒸箱中，蒸8分钟，淋酱油，再蒸3分钟。
③将②中的海胆装盘，盘子中的昆布也要切成小块，一起装盘。

❖ 酱油蒸荧乌贼（鮓 きずな）

「酱油蒸鱼肉」是本店的固定菜肴。图为春季菜，用荧乌贼制作而成，冬季则会使用鳕鱼白和灰树花蘑菇等，需要根据季节的不同，选用新鲜的食材搭配制作菜肴。

做法

①在热水中加糠，放入竹笋（产自大阪府贝塚）后，完成第一遍焯水。剥皮，放入八方汁中腌渍，直至使用。

②将生鲜的裙带菜（兵库县淡路产）放入热水中，迅速地过一下。

③将①中的竹笋和②中的裙带菜切成易于食用的大小，将竹笋与八方汁一起放入蒸箱中蒸制。

④将沙滩上焯水后的荧乌贼（富山产）放入酱油高汤*中，放入蒸箱中蒸制。将蒸好的汤汁倒出备用。

⑤将③中的竹笋和裙带菜、④中的荧乌贼一起摆盘，浇④中的汤汁。放上花椒芽。

*酱油高汤：用鲣鱼高汤、味淋、酱油调味后制成。

❖ 海参肠茶碗蒸蛋（西麻布 鮨 真）

仅配用一种食材，做出味道清淡的茶碗蒸蛋羹。冬季可加入海参肠，夏季至秋季则加入盐渍鲑鱼子，提供给客人。

做法

①将鸡蛋打散，加入头道高汤、味淋和淡口酱油，搅拌并过滤，制成混合鸡蛋液，备用。

②将海参肠*（产自石川县能登）装盘，倒入①中的鸡蛋液，放入蒸箱蒸至凝固。

③在头道高汤中加入味淋、淡口酱油加热，加入溶有葛根粉的水，勾芡。

④将③淋在②上。

*海参肠：刺参的肠的盐渍制品。

茶碗蒸干海参籽（鮨 わたなべ）

以鲜汤引出干海参籽的风味，蒸好后添加盐辛干海参籽，即可制成茶碗蒸干海参籽。

做法

①将酒和水搅拌混合，放入干海参籽*并浸泡半日，完成泡发。

②将①中的干海参籽和汤汁一起放入蒸箱中，大火蒸5分钟左右，除去酒精。

③鸡蛋打散与②混合搅拌，加入酱油和味淋调味。

④将③中的蛋液倒入专用容器中，合上盖子。放入蒸箱中，大火蒸3分钟，再转小火蒸2分钟左右。

⑤在④中加入盐辛海参籽。

*干海参籽：将海参的卵巢晒干制成，供食用。

冰镇茶碗蒸蛋羹（鮨 ます田）

将芡汁淋在冷却后的蒸蛋上，加入秋葵、山药、梅肉和芥末。口感顺滑，适宜夏季食用。

做法

①将鸡蛋、鲣鱼高汤、淡口酱油和盐混合拌匀并过滤，制成蛋液。

②将①倒入茶碗，放入蒸箱中，蒸7~8分钟。冷却至温热，放入冰箱中冷却。

③勾芡。将鲣鱼高汤加热，加入味淋和淡口酱油调味，加入葛根粉的水淀粉，勾芡。恢复至温热，冷却。

④将③的葛根粉淋在②上，添加秋葵*、切成长条的山药、梅子酱、芥末。

*秋葵：用热水迅速地将秋葵焯一下，放入冷水中冰镇，擦干水分，切成圈。

❖ **明石煮章鱼**（木挽町 とも樹）

店主小林智树会将明石章鱼制成两种菜品：焯章鱼和煮章鱼。将章鱼焯水后，配盐食用。简单地制作，保留章鱼原本的香味，这就是煮章鱼。

做法

①除去真蛸（兵库县明石产）的内脏、眼睛、嘴等，盐揉除去黏液后水洗。分解后，使用4条腕足。

②在上次使用过的真蛸汤汁中加水和酒，煮沸。放入①中的腕足，焯水6分钟后关火，静置3分钟。

③将②中的真蛸放在沥篮上，恢复至温热。将汤汁过滤，冷却后放入冰箱冷藏，留着下次使用。

④将③中的真蛸腕足切成圆片，装盘。配上粗粒盐和芥末。

❖ **盐煮水蛸**（すし処 めくみ）

盐煮大个头的水蛸。购入整条水蛸（2~6千克），以保留住风味。拍打柔软后，用纯净水焯一下。

做法

①购入整条水蛸，活宰后揉洗约10~15分钟，除去黏液，水洗干净。

②切分水蛸的胴部和腕足，用研磨杵敲打腕足，破坏纤维。将腕足逐条切分。

③在锅中加2/3左右的纯净水，煮沸，加盐，使含盐量达到0.05%~0.1%。放入②中的2条腕足，放入铝箔纸作小锅盖，旺火煮干水分，冷却。

④从③中取适量的章鱼腕，加入蒸箱中加热，切成适口大小，装盘。

做法

①去掉荧乌贼的（海滩焯过水）的眼睛、嘴和软骨。

②稍微盐渍①中的乌贼肉，至温热状态，擦干水分。

③将②装盘，用珊瑚菜装饰。在另一个碟子中，加入生姜末和香葱段，添加酱油。

❖ **锅煮荧乌贼**（鎌倉 以ず美）

将海滩焯水后的荧乌贼快速盐煮，制成热菜提供给客人。酱油中加入生姜和香葱，搭配荧乌贼食用。

做法

①将长牡蛎剥壳，水洗。清理后，切成合适的大小，与鳕鱼白一起放入头道高汤中，煮熟。

②取出①中的长牡蛎和鱼白，装盘。将生紫菜放入汤汁中，迅速加热，加入葛根水淀粉勾芡。

③在②中的长牡蛎和鱼白上淋芡汁，放上芥末。

❖ 牡蛎鱼白浇汁湿紫菜
（すし処 小倉）

使用头道高汤，将长牡蛎和鳕鱼白快煮成菜肴。将冬季的两种美味食材相搭配，是一道暖身佳品。

❖ 鱼白（鮨 はま田）

鱼白焯水后，趁热提供给客人。在焯水的汤汁中加入酒和较多的盐，即可完成调味。焯水后，淋些三酢橘汁。

做法

①鳕鱼白清洗干净，切成适口大小。

②在水中加入酒和较多的盐，煮沸，加入①中的鱼白。焯水1~2分钟，煮透鱼白。

③沥去②中的热水，装盘，淋酢橘果汁，趁热提供给客人。

❖ 昆布高汤焖煮鱼白（鮨 なかむら）

将鳕鱼的鱼白放入昆布高汤中迅速焖煮一下，无须取出，直接整锅浸泡在冰水中。通过冰镇可以使味道更加浓缩。

做法

①清理鳕鱼的鱼白（产自北海道罗白），用热水迅速地过一下。沥干水分，切成易于食用的大小。

②在煮去酒精的酒中，加入水、盐、较多的昆布，煮沸，加入①。再次煮沸后，立即关火，静置，等待冷却入味。待恢复至常温后，无需将鱼白从锅中捞出，直接整锅浸泡在冰水中冷却，直至鱼白的温度略低于皮肤温度。

③沥去②中的汤汁，将鱼白装盘，撒粗粒盐（若鱼白的味道很浓厚，便无需撒盐）。

烤鱼 炸鱼

做法

①将喉黑鱼分成2份，再分别切成一人食用的量（切分时保留鱼鳍和鱼骨）。

②将①浸泡在盐分浓度约为10％的盐水中，腌渍1小时，沥去水分，摆放在沥篮上，放在风扇前，吹风干燥7小时。

③将②的鱼皮朝下，用烤炉烧烤。远火烤13分钟，翻面再烤4分钟。

④将③装盘。

❖ **烧烤喉黑鱼**（鮨 福元）

喉黑鱼（也称赤鲑）的油脂丰富，因此用远火烧烤后，鱼肉反而像炸制过一样。鱼鳍和鱼骨也很酥香，可以食用。

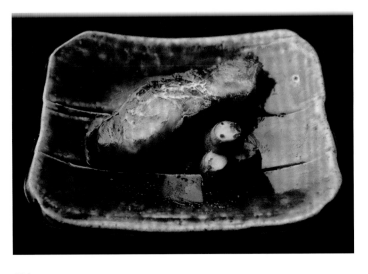

烟熏喉黑鱼 (鮨 わたなべ)

喉黑鱼鱼段抹盐，风干半日后，用山毛榉木片迅速烟熏而成。这是本店的固定菜品，全年都在提供。

做法

①将喉黑鱼分成3份，带皮切块。撒上盐，用铁钎串起来，风干半日。

②在烟熏专用的锅中加入山毛榉木片，烤网上铺上厨房纸巾，放上①中的鱼肉。合上盖子，开火熏烤1分钟。灭火，静置1分钟。

③取出②中的鱼肉，在烤架上将鱼皮烤脆，提供给客人。

④切下山药豆的两端，放入蒸箱中，开大火蒸1分30秒。

⑤将③中的鱼肉装盘，添加④中的山药豆，撒些粉红胡椒盐。

盐烤喉黑鱼 (すし処 めぐみ)

喉黑鱼的油脂很多，不将其握成寿司，而是盐烤后制成下酒菜。抹盐烧烤后立即上菜，客人直接一口或者两口吃下，能够感受到油脂在口中流动，十分美味。

做法

①将喉黑鱼分成3份。带皮切成鱼段，两面撒盐，放入烤箱大火快烤。

②将①装盘，配上酢橘片。

做法

①云纹石斑鱼分解后，保留鱼皮，切成小块。若是准备几人份的鱼肉，则可以切成稍大的鱼肉块一起制作。

②用铁钎串起①中的鱼肉，放在滚烫的烧烤网上烤制，使鱼肉受热均匀。鱼肉的中心部位达到温热半熟的状态即可。

③拔掉②中的铁钎，将鱼肉切成合适的大小，装盘。添加芥末、盐和酢橘。

火炙云纹石斑鱼（鮨处 喜楽）

云纹石斑鱼皮中的明胶及鱼皮下的油脂都很美味，因此我会保留鱼皮制成菜肴。将鱼肉切块，烧烤至半熟状态，再搭配产自种子岛的盐和芥末，提供给客人。

做法

①将刺鲳（又称疣鲷）卸分成3份，仔细除去腹骨和细小的鱼刺。用酒盐腌渍20分钟。

②擦干①的水分，摆放在沥篮上，置于太阳下，晾晒5~6小时。

③将②切成适宜食用的大小，在鱼皮上切出几道刀花，放入烤箱烧烤。

④盘子中铺上小片的竹叶，将③装盘，配上半个酢橘，用红叶装饰。

烧烤刺鲳（鮨 一新）

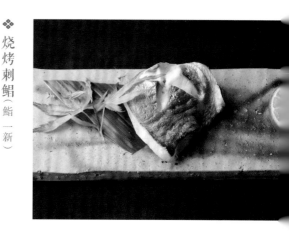

用酒盐腌渍刺鲳后，置于阳光下晾晒，再制成烧烤刺鲳。随着时节变化，会改换喉黑鱼、带鱼、蓝点马鲛、大翅鲳鲉等鱼类。

做法

①切掉日本下鱵鱼的鱼头和鱼鳍，切成蝴蝶鱼片，除去内脏。稍撒些盐，腌渍2~3分钟后，水洗，擦干水分。

②将①的鱼肉朝下，放在山白竹上，在鱼肉上撒盐，铺上另一层山白竹叶。放入烤箱烧烤至鱼肉变白，中心熟透。

③将②中的鱼肉和竹叶直接装盘，添加酢橘。

竹烧日本下鱵鱼（西麻布 拓）

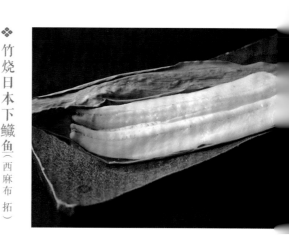

将日本下鱵鱼剖开去骨，用两片山白竹叶子夹住，放入烤箱烧烤即可。这道菜很适合搭配日本酒和红酒，是从开店之初就在提供的菜式。

❖ 幽庵烤蓝点马鲛（すし処 小倉）

将油脂丰富的蓝点马鲛制成幽庵烤鱼，多汁又鲜香。烤好后，撒些日本柚子碎皮，使香气更加浓郁。

做法
①将切好的蓝点马鲛鱼肉放入幽庵汤汁*中，浸渍1天。
②擦干①的水分，用铁钎串起，烤香。
③拔掉②中的铁钎，盘子中铺上竹叶后装盘，撒上柚子皮碎。将萝卜泥添加在鱼肉的旁边，淋上酱油。

*幽庵汤汁：将酱油、酒、味淋、切开的日本柚子混合制成。

❖ 火炙蓝点马鲛配洋葱酱油（新宿 すし岩瀬）

蓝点马鲛的鱼肉经5天熟成，再略微烧烤，即可制成。洋葱酱油多用于搭配油脂较多的鱼类烧烤及刺身料理，本次用于蓝点马鲛的调味工序。

做法
①将蓝点马鲛切成鱼册，撒少量的盐，放入冰箱中熟成约5天。
②将①切成适口大小，放在烤网上，烤至半熟状态。
③制作洋葱酱油。将洋葱碎浸泡在腌渍酱油*中，静置数小时。
④将②中的蓝点马鲛装盘，淋③中的新洋葱酱油。

*腌渍酱油：将煮去酒精的酱油、酒和味淋混合制成。

像涮鱼肉一样，将鰤鱼放上烤架瞬间加热并拿出，因此得名『涮烤』。只需单面烧烤2秒钟，保留住鱼肉的鲜活风味。

做法

①将鰤鱼的鱼背肉展开，切成极薄的鱼肉。

②将烧烤网加热至变红，将①的鱼肉平铺在烧烤网上，单面烤2秒钟后，立即装盘，搭配自家制作的柚子醋、九条葱花、辣椒萝卜泥。

做法

①在拟鯵下巴上撒盐，放在烧烤网上，烧烤。将表面烤出香味，同时注意不要将鱼肉烤干。

②将①装盘，挤上柠檬汁。在旁边盛装萝卜泥，淋酱油，添加冬葱花。

黄带拟鯵的下巴密布着弹性十足的鱼肉，非常适合制作下酒菜。只是，『下巴也不能烧烤过度』，要保留多汁柔软的口感。

金枪鱼下巴烧葱段（藏六鮨 三七味）

大型蓝鳍金枪鱼的下巴同大腹一样，富含油脂，与烧烤葱段相搭配，制成葱段金枪鱼。添加七味辣椒粉作为佐料。

做法

①将金枪鱼的下巴切成易于食用的大小，用特制料汁*腌渍10分钟。用铁钎串起烘烤。

②将葱白切成5厘米长的段，竖着对半切开，用①中的料汁涂抹2次，放入烤箱烘烤。

③将①和②摆盘，添加七味辣椒粉。

*特制料汁：用酱油、酒和味淋制成的专用料汁。

铝箔纸烤牙鲆鱼缘侧（すし家 一柳）

用铝箔纸包住牙鲆鱼的缘侧，烧烤并引出甜味，再加上绿紫苏和酱油的焦香气作为点缀。

做法

①拆卸牙鲆鱼，取下边缘侧，切成合适的大小。

②铺开铝箔纸，放上绿紫苏、①中的牙鲆鱼边缘侧和香葱，淋酱油。将铝箔纸折成四边形，裹住食材，将鱼肉放在烧烤网上，大火烧烤两面。

③拿掉②中的铝箔纸，将缘侧和佐料一起装盘，添加酢橘片。

❖ 烤康吉鳗鱼配鱼籽酱（银座 鮨青木）

白烤康吉鳗鱼，用鱼籽酱增添盐味和鲜味。『银座 鮨青木』店里会使用西方食材，鱼籽酱也常用于其他料理。

做法

①将康吉鳗鱼开背，制成蝴蝶鱼片。除去内脏和中骨，切下鱼头，贴着鱼皮串入铁钎。

②在①上撒少量的盐，两面烧烤。

③切开②中的鱼肉，装盘，放上鱼子酱，配上芥末。

❖ 白烤康吉鳗鱼（新宿 すし岩瀬）

将康吉鳗鱼放在烧烤网上，稍加烧烤，制成白烤康吉鳗鱼。大火烧烤，锁住油脂，这样入口时，可以感受到香气和鲜味在口中散开。

做法

①预处理后，将康吉鳗鱼制成蝴蝶片，并切成适口大小，放在烧烤网上，烤至半熟状态。

②将芥末和拧干水分的萝卜泥混合拌匀。

③将①中的康吉鳗鱼切成2等份，装盘，配上②。两块鱼肉上淋上煮制酱油。

仅选用1.5千克以上的野生鳗鱼，制成白烤鳗鱼。鳗鱼的肉质厚实、鲜味浓郁，但宰杀后的鱼肉较硬，需要熟成3天以上。

做法

①购入活宰后开背的鳗鱼*。用纸包裹后，装入塑料袋中，放入冰箱里熟成3~7天，使鱼肉变柔软。

②除净①中的小鱼刺。

③将②切成合适的大小，仅将鱼皮用烘烤加热至6成熟。从火上拿开，恢复至温热。

④将鱼肉两面烤香，中心部位烤熟。

⑤将④装盘，配上盐和芥末。

*鳗鱼：1.5千克以上的野生鳗鱼。本次使用的鳗鱼产自岛根县宍道湖。

❖ 白烤鳗鱼②（おすもじ處 うを徳）

这是本店的名菜，主要使用野生鳗鱼，每次购入1千克以上的大型鳗鱼。图中的鳗鱼产自木曾川，但店主会根据情况选用不同产地的鳗鱼。

做法

①将野生鳗鱼（仅限1千克左右的大型鳗鱼）开背，除去内脏、中骨、腹骨和鱼头，水洗干净。

②将①分成3等份，用铁钎串在一起，放在陶制的烧烤网上，大火烧烤。先烧烤鱼肉，再烤脆鱼皮，散发出香味。

③拔出②的铁钎，切成适口大小，装盘。添加芥末和海盐（产自法国盖朗德）。

❖ **盐烤香鱼**（鮨 よし田）

将鲜活的香鱼用炭火烧烤而成。先将鱼肉烤得松软后，提供给客人。再将切下的鱼头和中骨烤香，大火加热后，提供给客人。

做法

①将少量的盐与辣蓼叶一起放入研钵中，磨碎，加米醋稀释调味，制成蓼醋。

②将鲜活的香鱼制成鱼跃串，撒盐。无需撒装饰盐，加入适量的盐调味即可。

③用炭火烧烤②中的香鱼。两面烧烤5~6分钟，最大限度地烤至鱼肉柔软。

④取下③中的铁钎，装盘，取下鱼头和中骨，与鱼身一起装盘，将①中的蓼醋装入另一个盘子中，与鱼肉一起提供给客人。

⑤待客人食用香鱼肉后，再次将鱼头和鱼骨烤至松脆，提供给客人。

❖ **一夜风干香鱼**（鮨 大河原）

香鱼大多会盐烤，但一夜风干香鱼烧烤后更适合下酒。将香鱼稍加烘烤，散发出香气，再提供给客人。

做法

①除去香鱼的鱼头和内脏，卸分成3份，除去腹骨等小鱼刺。在酒盐中腌渍约15分钟，置于阴凉处，风干半日。

②轻微烘烤①中鱼肉的两面，装盘，添加切成合适大小的酢橘。

❖ 烤绒螯蟹（すし処 めくみ）

绒螯蟹是河蟹的一种，蟹黄和内籽有浓厚的甜味。本店会将绒螯蟹分成2块，带壳烤香。

做法

①将绒螯蟹带壳水洗。将浓度为1%的盐水煮沸，加入绒螯蟹，焯水5秒左右，再次水洗，换用浓度为3%的盐水，焯煮5分钟左右。

②将①放在笸箩上，恢复至温热。香箱蟹的预处理步骤（第98页）与以上相同。

③除去②的蟹腿和蟹脐。将胴部和蟹壳分离，切成左右2块。切口朝上，与含有蟹黄和内籽的蟹壳一起，烧烤5分钟左右，烤出香味。

④将③装盘。

❖ 火炙生虾蛄（匠 達広）

店家多会将虾蛄焯水，再握成寿司，但我会直接烧烤生虾蛄，再提供给客人。稍加烧烤，引出柔软多汁的口感。

做法

①切下活虾蛄（产自石川县七尾市）的头，剥壳。将整尾虾蛄放在烧烤网上，稍加烧烤。虾蛄剥壳前略加冷冻，即可轻易地剥下壳。

②将①装盘，刷上煮制酱油。

紫菜烤栉江珧（㐂寿司）

『㐂寿司』会在栉江珧上撒七味辣椒粉调味。药研堀是七味辣椒粉的发源地，也是『㐂寿司』的创业之地，因此该店会采用这种做法。

做法

①将栉江珧（也称日本江珧）的贝壳机切成薄片。

②在①中的贝柱两面抹酱油，撒生七味，将两面烤香。

③用烤制过的海苔夹住②，提供给客人。

西京烤水松贝（匠 達広）

将水松贝用甜味的白味噌腌渍1晚，烤出香味，制成西京烤水松贝。其他的贝类及萤乌贼，还有白肉鱼也可以制成西京烤海鲜，提供给客人。

做法

①将水松贝（产自爱知县）剥壳，除去内脏和外套膜。切分水管和水松舌（连接水管根部的部分），分别剥皮。水管上竖着切一刀打开，与水松舌一起洗净。

②将①在西京味噌中腌渍1晚后，擦除味噌（营业时，放入密闭容器中，置于冰箱中储存）。

③在水管上竖着切出细细的刀花，与②的水松舌一起放在烤网上烤出香味。装盘，配上芥末。

带壳烤蝾螺（鮨 よし田）

『追求柔软高级的美味』的带壳烤蝾螺。先将蝾螺肉切成适口大小，再用淡口酱油汤汁迅速焖煮即可。

做法

①取出带壳蝾螺的螺肉和螺肝，水洗。分别切成适口大小，蝾螺壳备用。

②将①的螺肉和螺肝放入热水中，迅速过一下，擦干水分。

③煮沸汤汁*，煮制②中的螺肉和螺肝约1分钟。

④将①中备用的蝾螺壳放在烧烤网上，烧烤加热，在蝾螺壳中加入③中的螺肉、螺肝和汤汁，大火煮沸，迅速从火上拿下来，带壳摆放在铺好盐的盘子中。添加鸭儿芹。

*汤汁：在鲣鱼高汤中加淡口酱油、味淋、酒和盐调味制成。

❖ 烤鱼白（鮨 福元）

店主福元敏雄说，鳕鱼白『烤至上色、薄皮变硬的话，就全都毁了』。开远火，加热至微温即可。

做法
①清理鳕鱼，水洗，擦干水分。切成适口大小，撒盐烧烤。为防止烤焦，远火烧烤，将鱼白的中心部位烤至温热即可。
②将①装盘，添加酢橘。

❖ 竹叶烤海胆（鮨 一新）

将虾夷马粪球海胆放在竹叶上，用炭火烘烤至微温状态。竹烤海胆的调味方法也用于煮康吉鳗鱼寿司的最后完成阶段。

做法
①将数片虾夷马粪球海胆放在竹叶上，一起用炭火烤至温热。
②将①中的海胆和竹叶装盘，淋少量煮制酱汁。

做法
①将加贺藕切成厚约1厘米的片，便于食用，用炭火烤香，撒盐。
②厚实的香菇（产自新泻县鱼沼）去掉香菇柄，用炭火将伞盖双面烤香。淋上煮制酱油和酢橘汁。
③将生鲜的熊本茄子*竖着切成薄片，抹上煮制酱油。

*熊本茄子：熊本县宇城的特产小茄子。糖度高，水分多。

❖ **蔬菜**
加贺藕 香菇 熊本茄子（西麻布 拓）

用炭火烧烤厚切的藕和厚实的香菇，将可生食的熊本茄子切成薄片，用煮制调味。

烤笋（鮨 まるふく）

将笋焯水后，烧烤即可。用当季蔬菜搭配竹笋，让客人享受到不同于鱼类的「时鲜美味」。

做法

①将笋焯水，除涩味，切成适口大小。

②将①烤香，装盘，撒盐。

红米锅巴（西麻布 拓）

用100%赤醋调味制成的寿司醋饭，干燥后，油炸出松脆的口感，制成中式锅巴风味的菜肴。

做法

①用两种赤醋（酒糟醋）、盐、砂糖调味制成醋饭，薄摊在托盘上，在室温条件下，静置2-3天，干燥。

②将①切成合适大小，放入180℃的色拉油中，油炸至两面松脆（10秒左右）。

③将②装盘，撒胡椒和盐。

香鱼骨干炸鱼皮（すし豊）

将野生香鱼肉制成刺身后，保留鱼骨和鱼皮，抹猪芽花淀粉，炸至松脆，加盐，提供给客人。

做法

①分解香鱼时，留下鱼杂（鱼头、下巴、中骨、腹骨、胸鳍）和鱼皮，擦干水分，抹猪芽花淀粉*。放入170℃左右的色拉油中，炸至松脆。

②在盘子上铺纸，装盘，撒盐，放上辣蓼叶。

*猪芽花淀粉：猪芽花的鳞茎加工成的日本太白粉。也可用土豆淀粉代替。出版者注。

鱼骨煎饼配火炙鱼皮鱼肝（鎌倉 以ず美）

康吉鳗鱼和日本下䲆鱼的鱼骨煎饼（图左）及盐烤日本下䲆鱼皮、盐烤康吉鳗鱼肝（图右），这是本店的固定下酒菜。我也会使用各种白肉鱼的鱼皮制作这道菜。

做法

鱼骨煎饼

①分解康吉鳗鱼和日本下䲆鱼时，剥离中骨（保留鱼头），水洗，除去血合等污垢。在水中浸泡1小时左右，除净血水和腥味。

②用铁钎串住①的鱼头，悬挂在室内3天左右，置于阴凉处风干。再切除鱼头，切成易于食用的大小。

③将②放入低温的色拉油中，清炸至酥脆。

④沥去③中的油，趁热撒盐。装在铺纸的盘子里。

火炙鱼皮鱼肝

①用竹扦将日本下䲆鱼的鱼皮串成螺旋状，撒盐，烧烤。

②清理康吉鳗鱼的肝脏和胃，用盐水稍微焯一下。擦干水分，串在竹扦上，撒盐，烧烤。

③将①和②装盘。

做法

①将木叶鲽水洗干净，除去内脏，切下鱼头，鱼身卸分成5份。剥去鱼皮，切下中骨侧面的缘侧。除内脏外的所有部位切成适口大小，抹上猪芽花淀粉。

②将油（种类不限，但必须使用新油）加热至160℃，先将不易熟的食材放入油中，再放入易熟的食材（按照鱼头、中骨、缘侧、鱼皮、鱼肉的顺序），再将油温升高，不断调整加热条件，同时炸至酥脆。

③沥去②中的油分，装盘，添加岩盐。

❖ 花林糖炸煮鲍（鮨 くりや川）

在煮鲍上抹猪芽花淀粉，炸制而成。炸制松脆的煮鲍呈深棕色，口味带甜，像花林糖一样，因此取名为『花林糖炸煮鲍』。

做法

①用刷子将带壳的虾夷鲍清洗干净，煮后换水，多次煮制除去黏液和涩味。

②将①下锅，倒入水和酒，加热。煮沸后，转小火煮1小时30分钟左右，将鲍肉煮软。加入砂糖，再煮30分钟左右，使食材入味。最后添加酱油调味，关火，将浸泡在汤汁中冷却。

③将②剥壳，在鲍肉上抹猪芽花淀粉，放入180℃的色拉油中油炸。

④将③切成适口大小，装盘，添加粗粒盐和切开的平兵卫柑橘*。

*平兵衛柑橘：宫崎县日向特产的柑橘。酸味清爽，无涩味。

拼盘

做法

半熟鹌鹑蛋配小斑节虾

①将鹌鹑蛋放入水中浸泡1分50秒左右，加热至半熟状态，再放入冷水中。待冷却后剥壳。

②将鲣鱼高汤、酱油和味淋混合成酱汁，煮沸，冷却。

③将①中的鹌鹑蛋放入②中的酱汁中，腌渍1天。

④除去小斑节虾背部的虾线，在热水中加酒，焯虾，剥去虾头和虾壳。

⑤用装饰扦串起③中的鹌鹑蛋和④中的小斑节虾，装盘。加萝卜茎（撕成细条，用水浸泡）装饰。

酱拌萝卜

①将三浦萝卜切成圆片，剥皮，焯水。

②将等量的鱼杂汤和鲣鱼高汤混合，加入罗臼昆布，用盐、淡口酱油和味淋调味，焖煮①中的萝卜约30分钟。

③制作柚子味噌。在白味噌中加入蛋黄和白砂糖，开火，熬煮，再加入日本柚子汁搅拌。

④将②中的萝卜切成适口大小，淋③的柚子味噌。

红白萝卜丝

①将三浦萝卜和京胡萝卜切丝，在盐水中浸泡至柔软，拧干水分。

②将米醋、砂糖和水混合，制成甜醋，浸泡①中的蔬菜，入味。

③沥干②的水分，装盘，放上花椒芽。

煮鲍

①洗净虾夷鲍，剥壳。

②在锅中加酒、水、较多的罗臼昆布，煮沸，将①中的鲍鱼压入水中，煮至柔软。让鲍鱼浸泡在汤汁中，稍微冷却。

③取出②中的鲍鱼，切成波纹状的适口大小，装盘。

鱼冻

①在鱼杂汤中加入盐和淡口酱油，调味比日式清汤略淡些。倒入容器中，置于冰箱中冷却凝固。

②将①中的鱼冻盛入玻璃杯中，放上马粪海胆（依季节使用不同品种的海胆），用紫苏芽加以装饰。

棒槌卷幼鳊

①旋切三浦萝卜，放入盐水浸泡至柔软。擦干水分，将米醋、砂糖和水混合，制成甜醋，浸泡萝卜片，使入味。

②擦干①中萝卜的水分，添加盐紧幼鳊和绿紫苏，卷制成形。切成适口大小，装盘，用红叶装饰。

根据季节的不同，选用不同的食材制成拼盘，作为前菜。图为一月的八寸，使用鲍鱼、海胆、小鳍、对虾等海鲜，搭配酱拌萝卜和腌红白萝卜丝，制成拼盘即可。

做法

南蛮渍六线鱼新子

①用水清洗六线鱼的新子（长7~8厘米的幼鱼，产自兵库县明石），擦干水分。将猪芽花淀粉抹在整条鱼肉上，放入160℃的色拉油中油炸。

②将①摆放在托盘上，撒洋葱丝和胡萝卜丝。

③将米醋、淡口酱油、砂糖、红辣椒圈下锅，煮沸，倒入②的食材中，静置1天，入味。

明石真蛸段

将一只重1.2~1.5千克的真蛸盐揉，除去黏液。水洗，放入沸水中，合上盖子，煮25分钟。捞出，冷却。

蒸鲍

①将大鲍（产自德岛县鸣门）带壳刷洗，焯水。

②将鲍鱼带壳放入蒸箱中，蒸2小时。

③剥下②的壳，放入煮去酒精的酒和水中，完成酒煮工序。待汤汁变成米黄色后，再煮1~1.5小时，直至汤汁快要收干。

④在③中加入鲣节和昆布高汤、盐、味淋、淡口酱油，收汁，直接冷却。

⑤剥下④中的鲍鱼肝，白粒味噌中加入味淋稀释，制成味噌床，放入鲍鱼肉和鲍鱼肝腌渍1天。

装盘

将六线鱼新子摆放在盘子右侧，在盘子的中间铺上绿紫苏，将明石真蛸切成适口大小，摆放在绿紫苏上。切开蒸鲍鱼肉和鲍鱼肝，摆在盘子左侧。

❖ 南蛮渍六线鱼新子　明石真蛸段　蒸鲍（鲜 きずな）

六线鱼新子被称为「明石之春味」，指的是六线鱼的幼鱼，可制成南蛮渍鱼肉。将章鱼简单地焯水，搭配酒煮蒸鲍鱼，一起提供给客人。

❖ 鲍鱼刺身配鲍鱼肝、鲍鱼贝膜拌海参肠（鮨 なかむら）

将鲍鱼肉、鲍鱼肝、鲍鱼贝膜（外套膜）制成鲍鱼拼盘。鲍鱼肉制成刺身，搭配滤细的鲍鱼肝突出风味。将鲍鱼贝膜焯水后，与海参肠搅拌均匀。

做法

①清理虾夷鲍（产自三陆），剥壳，分离鲍鱼肉、鲍鱼肝和鲍鱼贝膜（外套膜）。

②将①中的鲍鱼肉切成宽1.5厘米的条状，在上下两面斜着切出细细的刀花，深入鲍鱼肉的中心部位。

③将①中鲍鱼肝加入沸水中，焯水，使中心部位成熟。沥干水分，滤细，加入酱油稀释。

④迅速将①中的鲍鱼贝膜焯水，擦干水分，切成适口大小，和盐辛海参肠拌匀。

⑤将②中的鲍鱼肉切成2块，装盘，加入③中的鲍鱼肝和芥末。将④中的鲍鱼贝膜放在旁边，添加柚子皮碎。

❖ 樱煮水蛸和鸟蛤（鮨 渥美）

将产自北海道的水蛸，制成樱煮水蛸，这道菜肴始于开店创立之初。将鸟蛤加热至不同熟度，分别制成寿司和下酒菜，图为半熟鸟蛤。

做法

①无须抹盐，将整条购入的水蛸（产自北海道）腕足揉搓10分钟左右，水洗，擦干水分。

②将水、砂糖和酱油混合并煮制，加入①中的水蛸煮制，仔细撇去浮沫，用砂糖和酱油调味，煮约1小时。关火，稍微冷却。

③清理鸟蛤，焯至半熟状态（参照第138页）。

④将②中的水蛸切成圆片，与③中的鸟蛤一起装盘。添加生裙带菜、襄荷薄片和芥末。

汤

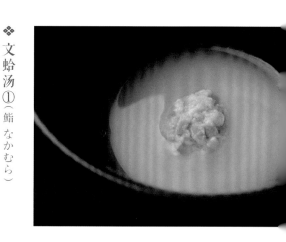

文蛤汤①（鮨 なかむら）

这是套餐中的第一道汤。在浓缩了文蛤风味的高汤中，添加白肉鱼泥和文蛤肉，制成菜肴。

做法

①锅中加入煮去酒精的酒、水和昆布，煮沸，放入文蛤肉，焯煮。煮到文蛤的风味完全融入汤汁中，制成风味浓厚的高汤。

②将①过滤，倒出汤汁备用。文蛤肉剁碎，添加白肉鱼泥和盐，搅拌均匀，制成丸子作为汤料。

③将②中的汤汁和汤料一起加热，装盘。

文蛤汤②（鮨 まるふく）

选用水煮野生文蛤，再用盐调味，制成文蛤汤。客人食用完文蛤肉后，将醋饭团放入汤汁中，制成杂烩粥。

做法

①将带壳文蛤放入沸水中，煮至文蛤壳张开，过滤，分离带壳文蛤肉和汤汁。用盐给汤汁调味。将文蛤和汤汁分开储存。

②将①中的文蛤和汤汁混合加热，装盘，提供给客人。建议先食用文蛤肉。

③将常温的醋饭握成类似乒乓球大小的丸子状，加入②的汤汁中，再添加香葱段，提供给客人。建议将醋饭搅拌在汤汁中一起食用。

做法

①将焯煮过文蛤的汤汁（参照124页）过滤，放入冰箱中储存。

②在①中加少量的酒和水，直至能盖住文蛤肉，再次焯煮新的文蛤后过滤，反复焯水共计4~5次。

③将②加热，装盘。

❖ 文蛤汤③〈鮨 はま田〉

反复使用文蛤焯水的汤汁，保留汤汁中的精华部分，提高文蛤汤的浓度。不加任何调味料，发挥食材原本的鲜味。

甲鱼汤（鮨 わたなべ）

多花些时间，炖煮出甲鱼的精华，制成汤汁。这道菜在12月至次年、月期间提供，在整餐的中途或结尾时提供给客人。

做法

①分解甲鱼，除去甲鱼的头和内脏，放入热水中焯一下，除去薄膜。清洗干净，切成合适大小。

②将等量的水和酒混合，加入昆布根（煮制汤汁用昆布的根），煮沸，加入①中的甲鱼。再次煮沸后转文火，静煮数小时，制成透明的汤汁。

③将九条葱的葱白切段，烧烤。葱绿切成葱花，用水浸泡后沥干水分。

④按照客人的数量，盛出②中的部分甲鱼汤，放入小锅中加热，用盐、淡口酱油和味淋调味，再加入少量的生姜汁。将甲鱼的裙边切成适口大小，放入锅中加热，再与葱段一起装盘。

鬼鲉汤（すし処 みや古分店）

在热水中加入酒和盐，用葛粉勾芡，制成口感松润的鬼鲉汤。再添加以鲣鱼高汤为主料的汤汁，混合在一起。

做法

①将鬼鲉分成3份，除去腹骨和小鱼刺，带皮切成易于食用的大小。抹葛粉，加入含有酒和盐的沸水中，煮好后捞出。

②将鲣鱼高汤加热，用盐和淡口酱油调味，添加葛粉水淀粉，勾薄芡。

③将①中的鬼鲉装入碗中，淋②的汤汁。添加少许生姜汁、葱白丝和花椒芽。

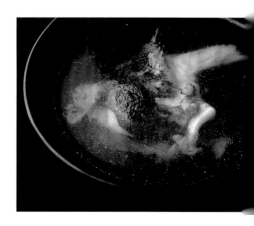

清鲜汤（おすもじ處 うを徳）

使用当季白肉鱼的鱼杂，制成汤汁，用作整餐的结尾。图为圆斑星鲽的清鲜汤，也可使用黄盖鲽鱼、鲈鱼、鲷鱼等。

做法

①将白肉鱼的鱼杂切成适口大小，用盐水清洗，除去鱼血和污垢。用沸水焯一下，再用冷水将污垢冲洗干净。放在笪箩上沥去水分。

②将①下锅，加水。放入利尻昆布、酒、淡口酱油和盐调味，稍煮片刻。仔细舀出浮沫。

③取出②中的昆布，将鱼杂和汤汁装入碗中，放上柚子皮。

❖ 高汤鱼白（新宿 すし岩瀬）

将鳕鱼的鱼白过滤后，制成味浓的汤汁，除鱼白的甜味及黏腻口感，再添加鲣鱼高汤的鲜味。

做法

①将鳕鱼的鱼白清理后，过滤。

②将鲣鱼高汤、淡口酱油、酒和盐混合，制成味浓的汤汁。

③将①的鱼白和②的汤汁一起加入锅中，煮至滚烫，倒入碗中，提供给客人。

❖ 金枪鱼葱汤（寿司處 金兵衛）

用小块金枪鱼和葱丝制成香葱金枪鱼汤。冬季使用蓝鳍金枪鱼，夏季使用麦氏金枪鱼，依据时节更换品种，整年提供。

做法

①将金枪鱼（中腹或大腹）切成小块，撒盐并静置10分钟左右，除去含有腥味的水。

②将①加入沸水中，待表皿泛白后，立即捞出。用水冲洗20~30分钟，除去杂质。

③沥去②中的水分后入锅，加水，开火。煮至沸腾前，舀去浮沫，用酱油、盐和少量的味淋调味，再次加热至沸腾前的状态。关火，冷却。

④将葱丝（葱白和葱绿）加入碗中，加热③中的汤汁，和金枪鱼肉一起装入碗中。

❖ 海藻味增汤（すし豊）

用5种海藻制成的味增汤。用等量的鲣鱼高汤和文蛤汤汁提鲜，抑制海藻的腥味。

做法

①将等量的鲣鱼高汤和煮文蛤汤汁入锅，加热。加入生裙带菜和生石莼，加入绢豆腐丁，加热，放入米味噌，溶入汤汁中。

②将①趁热倒入碗中，添加生新海苔、海蕴、铜藻*。

*铜藻：海藻的一种，日文为赤藻屑。有黏性，放入热水中后，变成棕绿色。

❖ 方头鱼浓汤（鮨 くりや川）

花3天时间，将方头鱼的鱼头和鱼骨煮成浓汤，最后加入味噌。浓厚的汤汁和软糯的鱼骨是这道汤的精华之处。这道汤使用了两种产自京都的甜味噌调味。

做法

①清理方头鱼的鱼头和鱼骨后，切成适口大小，在锅中加水、酒和咸梅干，再放入鱼头和鱼骨。用大火煮至沸腾后，转小火，仔细舀去浮沫，煮约8小时。

②继续将①中的汤汁煮2天。用筷子夹鱼骨，如果鱼骨柔软得可以轻松掐断，即为煮制完成（煮制过程中，随时加水补充汤汁）。

③将西京味噌和京樱味噌*入锅溶化，捞出咸梅干。

④将③中的汤汁和鱼骨倒入碗中，添加香葱花，撒花椒粉。

*京樱味噌：将米味噌和豆味噌的原料搅拌在一起后酿造，经数月熟成制成的甜味噌。

❖ 浸炸贺茂茄子（おすもじ處 うを徳 ）

肉质厚实的贺茂茄子从京都寄来后，保留果肉的强韧口感，炸成菜肴。

做法

①切下贺茂茄子的顶部和尾部，横切成2等份。几根铁钎绑在一起，在茄子肉和茄子皮上扎出小孔，使油脂更易被吸收。

②放入170℃的棉花籽油中，开火油炸。无需将茄子炸至特别柔软，保留果肉的强韧口感即可。

③沥去②中的油，切成适口大小，浸泡在温热的八方汁*中。

④将头道高汤加热至温热，用淡口酱油调味，添加松茸薄片，快速加热。画圈倒入溶化的葛粉，勾芡。

⑤沥去③中的水分，装盘，淋上④。

*八方汁：在二道高汤中加入淡口酱油、盐、味淋调味制成。

做法

①用长筷子在茄子的尖端扎一个洞，使蒸汽能够散出，用大火直接烘烤茄子至焦黑，完全受热。放入冰水中，稍微冷却。

②将①中的茄子去皮，去蒂，用打浆机将果肉制成糊状。

③在②中加入淡口酱油和煮去酒精的味淋并调味，放入冰箱中冰镇，装盘。

烤茄子羹（鮨 くりや川 ）

将烤茄子的果肉制成糊状，调味并冰镇，制成烤茄子羹。用大火迅速烧烤茄子，锁住水分，发挥出鲜甜味和香气。

盖饭

鲍鱼肝盖饭（鮨 渥美）

将煮熟鲍鱼肝和醋饭混合，制成鲍鱼肝盖饭。还可以加入鲍鱼肉薄片，或者加入海胆和鲑鱼籽，制成「海宝散寿司饭」，提供给客人。

做法

①将黑鲍（产自三陆地区）剥壳水洗，加入酒和盐，水煮约2小时。

②将①中的鲍鱼肝剥下，细细切碎，与适量的醋饭混合，用煮制酱油调味，搅拌均匀。

③将①中的鲍鱼肉切成薄片。

④将②中的醋饭装盘，铺上③中的鲍鱼肉，添加芥末。

鲭鱼千鸟（すし处 みや古分店）

这是『博多特色鰤鱼压寿司』（参考第52页）的引申菜品，用腌芜菁片将盐渍鲭鱼和醋饭卷好即可。卷成稍小的形状，在整餐的中间阶段，提供给客人。

做法

①将盐渍鲭鱼切成薄片，每片腌渍芜菁包裹2片鲭鱼，铺上醋饭，撒上炒芝麻，卷成寿司，使用装饰用的竹扦串起来（图片中为展示内馅，已一切为二）。

②在酒中加入咸梅干，开火，煮掉一半的酒，再加酒，恢复至原来的量。加入罗臼昆布，再次煮掉一半的酒（煎酒的液体部分用来制作其他菜肴，此次只用到咸梅干）。

③将①中卷好的寿司装盘，配上②中的咸梅干。添加日本柚子皮丝和花椒芽。

❖ 蟹肉配蟹肉饭（木挽町 とも樹）

将毛蟹肉蒸制拆散后，塞入蟹壳中，这是本店的名菜。蟹肉饭是引申菜品，将蟹肉与醋饭等混合，用海苔卷成寿司，外形与细卷寿司相似。

做法

毛蟹壳塞蟹肉

①清洗鲜活的毛蟹，放入蒸箱中，蒸25分钟。

②拆解①中的螃蟹，取出胴部和蟹脚中的蟹肉和蟹黄。将蟹肉和蟹黄搅拌均匀，塞进蟹壳中，放入冰箱中静置。

蟹肉饭

①取出塞入蟹壳中的一部分蟹肉，放入容器中拌碎，加入醋饭、白芝麻、香葱花、除去花柄的紫苏花穗、酱油，轻轻搅拌。

②用海苔卷①中的食材。

装盘

①将毛蟹壳塞蟹肉带壳切成几等份，装盘。添加酢橘汁、紫苏花穗和粗粒盐。

②将蟹肉饭摆在①的旁边。

③将三杯醋倒进另一个碟子中，浮上紫苏花穗即可。

❖ 小碗香箱蟹盖浇饭（新宿 すし岩瀬）

使用一整只香箱蟹，制成冬季的一品菜肴。主要用蟹黄提鲜，辅以少量的煮制酱油。

做法

①将香箱蟹（雌性松叶蟹）蒸约20分钟。剥壳，将蟹肉、蟹黄、内籽、外籽搅拌均匀。用少量的煮制酱油调味。

②将①放入蒸箱中加热，在碗中加入少量的醋饭，放入食材，立刻提供给客人。

小鯵鱼棒寿司（鮨 大河原）

将适口大小的棒寿司制成下酒菜，打造出富于变化的上菜流程。每次改变鱼的种类和处理方法，决定或是握成鱼生寿司，或是醋紧寿司。

做法

①除去小鯵鱼的鱼头和内脏，卸分成3份。剥皮，除去腹骨等细小的鱼刺，用刀将背身肉从中间剖开，保持鱼肉厚度一致，将鱼皮纵向切出刀花。

②将①翻面，铺上绿紫苏，加入醋饭，制成棒寿司。

③将②切成易于食用的大小，装盘，抹上煮制酱油，撒上炒白芝麻。添加芥末。

手卷樱虾（匠 達広）

在握制寿司时，可以将这种一口大小的手卷寿司提供给客人。让客人自己卷成寿司，享受海苔的香气和松脆口感。

做法

①将生鲜的樱虾（产自静冈县骏河湾）放入锅中干煎，最后淋少量的酱油，增加香气。放入芥末酱油中，迅速过一下。

②将海苔切成小块，铺在碗中，加入少量的醋饭，放上①中的樱虾，再放上少量的芥末。

❖ 唐津产红海胆配奈良酱瓜（木挽町 とも樹）

将甜味浓厚的红海胆盖在醋饭上，配上奈良酱瓜片。奈良酱瓜的甜咸味能够引出红海胆的甜味。

做法

①薄切奈良酱白瓜。斜着入刀，切成较宽的薄片酱瓜。

②握制少量的醋饭，放入碗中，用红海胆（产自佐贺县唐津）盖在醋饭上。盛放2片①中的奈良酱瓜，再放上芥末。奈良酱瓜的味道很浓，放入少量的奈良酱瓜即可，不能超过红海胆的用量。

❖ 海胆锅巴饭（鮨 大河原）

用醋饭制成的香锅巴。加入海胆、小鲜贝、毛蟹等数种海鲜，薄薄地摊开，淋上酱油，制成锅巴饭。

做法

①将醋饭与海胆、小鲜贝、毛蟹钳的碎肉、生海苔混合。

②将①薄薄地贴在鲍鱼壳中，放在烧烤网上，烧烤。待下面的鲍鱼壳烧红后，淋两圈酱油酱油，放入烤箱烤上面的杂烩饭。最后撒炒好的白芝麻，添加芥末。

35位厨师与35家店

油井隆一（㐂寿司）

油井隆一
1942年生于东京都。大学毕业后，在东京会馆（东京大手町）中学习3年法国料理。之后，进入自家"㐂寿司"店中，从头开始学习寿司制作。1975年成为该店的第3代店主。

师从江户前寿司鼻祖"与兵卫寿司"流派，继承寿司的制作技艺。从他选的用食材、处理方法、调理方法等，都能看到传统工艺的特点。除四鳍旗鱼、煮乌贼及乌贼印盒之外，鱼肉松寿司、煮鸡蛋寿司"雏"、幼鲹和斑节虾握成的条纹状"手卷网状寿司"也在售卖中。十分注重鱼类的最佳食用季节，仅在食材的风味达到顶峰的短期内提供，这也体现着老店那遵守传统的风范。

地址：东京都中央区日本桥人形町2-7-13 电话：03-3666-1682
*油井隆一厨师在2018年5月去世。其长子油井一浩厨师继承店铺，成为第4代店长。

安田丰次（すし豊）

安田丰次厨师说道："在这里，白肉鱼和虾的种类十分丰富，我因此喜欢上大阪。"虽说进货地的规模较小，但在以大阪湾为中心的地区中，大阪木津批发市场是各类优质食材的集合地，店内采用东京地区的地道"江户前"寿司做法处理食材。虽说应将提供的食材控制在20种以内，但"我总是想让客人品尝更多的菜，渐渐地便增加到近25种食材。"安田丰次厨师说道。用野生香鱼握成的姿寿司、用红芜菁和自家栽培的天王寺芜菁点缀拉氏鰤而制成的芜菁寿司都是店里的固定菜品。

安田丰次
1948年生于东京都。在江户前寿司老店"新富寿し"（东京银座）中开始学习制作日料。经过6年的学习后，在22岁时移居大阪。在大阪的寿司店中工作3年，之后在1974年独立开店。

地址：大阪市阿倍野区王子町2-17-29 电话：06-6623-5417

冈岛三七（蔵六鮨 三七味）

菜单上多是店内的推荐菜品，但冈岛三七厨师说道："我也十分欢迎大家随意点菜。"他还说道："从前的客人只会选择自己喜欢的菜肴，这样的'任性'就是寿司店的有趣之处。"冈岛三七厨师喜欢的料理是"大膳煮章鱼"，用苏打水、酱油、粗粒砂糖和酒煮出口感弹软的章鱼肉。另一道传统菜式是盐渍中腹，用热水冲烫出霜花后，在汤汁中腌渍1小时，再熟成1晚即可。10月至来年1月使用产自青森县大间市的金枪鱼，其他时节则使用产自爱尔兰的"味道很好、质量很稳定"的蓝鳍金枪鱼。

冈岛三七
1951年生于长野县。在东京惠比寿的"割烹入船"店中学习日本料理后，在同公司的"入船寿司"店中工作7年。1980年"蔵六鮨"开业时加入，1984年成为该店的老板。

地址：东京都港区南麻布4-2-48 TTC大楼2层 电话：03-6721-7255

杉山 卫（银座 寿司幸本店）

杉山 卫厨师说道"寿司店要和客人交流，并随机应变地调整入味和处理方法、寿司大小、寿司硬度等各种工序，要为每一位客人创造出独特的世界，这便是趣味所在。"在130多年的历程中，这种不断的积累，使得寿司幸本店的根基越来越稳。在贯彻追求起点的传统技艺时，也不忘怀揣着柔软之心，兼取时代特点，实现二者的完美融合。制作鱼肉松的过程体现着传统技艺，使用红酒腌渍金枪鱼的做法则体现着时代创新。

杉山 卫
1953年生于东京。大学毕业后，进入自家的"银座 寿司幸本店"中学习制作寿司。"银座 寿司幸本店"是一家创立于1885年的老店，杉山 卫在1991年继承店铺，成为第4代店主。

地址：东京都中央区银座6-3-8 电话：03-3571-1968

神代三喜男（镰仓 以ず美）

神代 三喜男
1957年生于千叶县。在"以ず美"（东京目黑）工作10年后，于1987年独立开设分店。2018年3月，在东京银座开设"镰仓 以ず美 ginza"。

神代三喜男厨师沿袭了很多江户前寿司的做法，并在引出鱼类鲜味和香气等方面不断进行尝试。他也很喜欢引用新食材。春季采到的竹笋味道突出，也有很强的季节感，焯煮后，刷上酱油，烧烤后握成寿司。此外，用日本柚子果汁和米醋腌渍幼香鱼，握成姿寿司，稀有的鲑鱼苗也是特定季节菜品。进货地是"鱼的种类很丰富，质量也很好的筑地市场"（神代三喜男）。2018年时，在东京银座也开设了分店。

镰仓 以ず美 地址：神奈川县镰仓市长谷2-17-18 电话：0467-22-3737
镰仓 以ず美ginza 地址：东京都中央区银座4-12-1 银座12号楼8层 电话：03-6874-8740
*一般来说，周一至周五在银座的店里制菜，隔周的周末在镰仓的店里制菜。详细信息请您电话咨询。

福元敏雄（鮨 福元）

福元敏雄厨师在乎的是"能与酒一起品尝的寿司"。他认为，将寿司捏得略小一点，客人便能一口吃下，同时他也考虑到醋饭的味道能与酒相调和。将两种味道浓厚、酸度柔和的赤醋（酒糟醋）混合，再加藻盐、砂糖调味而成的米饭，可以带给客人粒粒分明的略硬口感，这是店里醋饭的特征。推荐套餐中有6~7种下酒菜和10~11贯寿司。在食用煮康吉鳗鱼时，通常会提供两种食用方法：一种是搭配酱汁食用，一种是搭配盐食用。此外，桌上摆有一块牌子，记载着当天所有寿司食材的产地，颇得好评。

福元 敏雄
1959年生于鹿儿岛县。在东京和神奈川横滨的寿司店中学习后，担任东京下北泽的"すし処澤"店长。之后成为该寿司店的店主，2000年将店面搬迁至世谷田区，更名为"鮨 福元"。

地址：东京都世田谷区代泽5-17-6 Hanabu（はなぶ）楼地下一层 电话：03-5481-9537

桥本孝志（鮨 一新）

桥本 孝志
1961年生于东京都。15岁开始学习制作料理，在东京都内的日本料理店学习后，又曾在3家寿司店学习。1990年，那时29岁的桥本孝志厨师在浅草当地独立开店。

除了金枪鱼腹之外，"鮨 一新"几乎处理所有的食材。醋紧、昆布腌、腌渍、煮制、盐揉、酒蒸等方法都在使用。腌渍时并不使用短时间的入味方法，而是在以酱油为主的调料汁中，腌制1晚，只使用这种传统的手艺。此外，一般来说，沙梭鱼会保留鱼皮，提供给客人，但桥本孝志厨师说"我还是会介意鱼皮的硬度"，会坚持着把难剥的鱼皮剥下来，工作十分细致。在制作醋饭方面，桥本孝志厨师也有着独特的看法，会选用大正至昭和时期的高压锅吹风灶（炭为热源），将饭粒煮制得蓬松起来。

地址：东京都台东区浅草4-11-3 电话：03-5603-1108

太田龙人（鮨処 喜楽）

推荐套餐中有12贯寿司。"我最想让客人享受到食材的平衡与变化。"太田龙人厨师说道。此外，他还说，与其握出几种能广受好评的寿司，打造出店铺的牌子，"我更希望能握出总体都很完美的寿司，让客人觉得整体都很好吃。"自从他成为第3代店主以来，就反复推敲米醋和赤醋的使用区别以及米饭的烹制方式等，现在仍然每天不断反复尝试。他的兴趣之一是钓鱼，并且以拉氏鰤为主，也常会将自己钓来的鱼制成菜肴，写在菜单上。

太田 龙人
1962年生于东京都。高中毕业后，做过酒店销售员，在21岁时进入自家的寿司店工作。其父亲是寿司店的第2代店主，太田龙人经过不断学习，在1999年，当时36岁的他成为第3代店主。

地址：东京都世田谷区经堂1-12-12 电话：03-3429-1344

青木利胜（银座 鮨青木）

上一代店主是有名的寿司制作者，青木利胜厨师继承了先辈传承下来的手艺，同时融入时代的味道，确立了自己的寿司风格。形似"唐子"（古时中国小孩的发髻）的明虾寿司是种传统寿司，只有数家老店提供，"鮨青木"店中也一直在坚持制作。另一方面，青木利胜还想出一种做法：使用酒煮的方法处理大个头的牡蛎，再握成寿司。此外，用关西当地海鳗制成手握寿司或棒寿司也颇受好评。

青木 利胜
1964年生于埼玉县。大学毕业后，在"与志乃"（东京京桥）中学习2年后，进入父亲经营的"鮨青木"（东京麹町）店。1992年店铺搬迁至银座，次年，29岁的青木利胜继承店铺。2007年，在西麻布开店。

地址：东京都中央区银座6-7-4 银座高桥大厦（タカハシビル）2层
电话：03-3289-1044

野口佳之（すし処 みや古分店）

基本的推荐套餐中包含近10种下酒菜、料理和8贯寿司。不仅料理的种类很多，还会随着季节的变化，将很多品种的鱼类制成寿司食材。像前面介绍的那样，鰤鱼会制成博多特色压寿司，"鱼腹下肥肉"在鱼腹的底部，所含脂肪最多，也可以握成普通的寿司。此外，棘鮋鰧是种高级鱼类，很少用于制作寿司，却也是这家店的冬季常备食材。"鱼肉的盐紧和醋紧程度，都要以醋饭的味道为基准"，这就是这家店的做法。

野口佳之
1964年生于东京都。高中毕业后，在"てら冈"（福冈博多）店中学习过2年的日本料理和寿司制作方法。1987年继承自家的寿司店，成为第3代店长，也曾向"御料理いまむら"（位于东京都银座区）日料店的前任店长学习。

地址：东京都北区赤羽西1-4-16 电话：03-3901-5065

大河原良友（鮨 大河原）

大河原良友
1966年生于大阪市。曾在东京的割烹店学习过5年半的日本料理，26岁时进入制作寿司的领域中。在超10家寿司店中学习后，担任"椿"（位于东京都银座区）等3家寿司店的厨师长，2009年独立开店。

推荐套餐中有约20道菜，包括下酒菜、寿司、汤。将鱼类分开，制成下酒菜和寿司，但也会视客人的需求而随机应变。如今有越来越多的店铺会将鱼肉熟成，但大河原良友厨师始终以"握制寿司时，要注重鱼肉的鲜度"为信条。此外，若是开火将食材加热，再冷藏起来，鱼肉的味道会变差，因此他会在营业前，一气呵成地完成所有鱼肉的处理工序，再常温储存。将当日的食材全部使用完毕，这是大河原良友厨师的不变态度。

地址：东京都中央区银座6-4-8 曽根楼2层 电话：03-6228-5260

小宫健一（おすもじ處 うを徳）

上一代的店主提供经典的江户前寿司，小宫健一厨师在其基础上，加入自己独特的处理方式和上菜方式，创建了"うを徳"的新风格。本书介绍过的昆布腌寿司及稻草烤鱼肉的做法，都是从小宫健一厨师开始实施的。此外，人们一般会用黄新对虾制成玉子烧，"我很喜欢浓浓的甜鲜味"，小宫健一厨师说，因此会选用斑节虾来制作玉子烧。小宫健一厨师不会将海胆做成军舰寿司，而是与醋饭混合后，制成海苔卷寿司，增强二者的融合感等。他多次尝试，"为了让客人吃到美味的料理，花了很多功夫"。

小宫 健一
1968年生于东京都。大学时期，曾在法国饭店工作过3年，毕业后，在"割烹やましだ"（位于京都市木屋町三条）学习2年多的日本料理。1992年进入自家的寿司店，2008年成为第3代店主。

地址：东京都墨田区东向岛4-24-26 电话：03-3613-1793

西达广（匠 達広）

"匠 達広"店里的基本推荐菜品包括8种下酒菜、12贯寿司和1种紫菜卷寿司。学徒时，学习到"鮨匠"的风格，在客人的食用过程中，轮番提供下酒菜和寿司，分别使用赤醋（酒糟醋）和米醋来制作醋饭，按照食材的风味，使用不同的方法握制寿司。只有海胆等部分食材可以在鲜活状态下握成寿司。食材多是使用盐紧、醋紧、柑橘汁腌渍、昆布腌渍、熟成及收汁、焯水、熬煮等方法，工序细致。

西达广
1968年生于石川县。在金泽的日料店学习后，立志成为寿司匠人而前往东京。辗转多加店铺，独立开店前，曾在"鮨匠"（位于东京都四古地区）学习。2009年店铺开业，2012年8月搬迁至现在的地址。

地址：东京都新宿区新宿1-11-7 电话：03-5925-8225

伊佐山 丰（鮨 まるふく）

寿司所用食材都遵循"江户前的做法"，这是本店的信条，除魁蚶和鸟蛤等贝类外，几乎所有食材都多费些工夫，加一道处理工序。图中的寿司便是一个例子，将金枪鱼中腹切册，用酱料腌渍7小时，即制成渍金枪鱼中腹。此外，伊佐山 丰厨师从一位上年纪的匠人那里学到小鲭的稀有处理方法：将小鲭开膛后，置于水中30分钟左右，除去脂肪，醋紧，再用醋昆布腌渍3~4天，即为完成。这些多费些工夫握出的寿司，都能得到客人的大力支持。

伊佐山 丰
1969年生于东京都。从19岁开始在东京都的5家寿司店做学徒，2011年10月，独立开店。自家曾在东京都的其他地方开设寿司店，如今的店名便是沿袭得来。

地址：东京都杉并区荻南3-17-4 电话：03-3334-6029

中村将宜（鮨 なかむら）

5~10种丰富的下酒菜，加上13贯左右的寿司，这是本店的主要推荐套餐。一般都会在食材上细细切出刀花，让客人能够感受到食材的鲜味和柔软口感，这便是本店的特点。在小锅中逐次加入少量醋饭，让每一次的焖煮之间都产生时间差，加米醋和少量的赤醋（酒糟醋）调味。中村将宜厨师开始独立开店后，也通过书本等学习制作寿司的技术，采用"本手返し"的手法，据说是多种寿司握法的原型，工序的数量略多。

中村将宜
1969年生于长野县。从厨师学校毕业后，曾有9年在东京和大阪的日料店做学徒。之后，在东京都的寿司店中学习过2年的日料做法。2000年在东京东六本木市独立开店，2002年搬迁至现在的地址。

地址：东京都港区六本木7-17-16 米久楼1层 电话：03-3746-0856

渥 美 慎（鮨 渥美）

"鮨 渥美"店里的海鲜都采购自市内的横滨中央批发市场。那里网罗全国的海鲜，渥美 慎厨师说道："小柴的虾蛄和斑节虾、松轮的鲭鱼、佐岛的蛸、平塚冲的特产鱼类等、有很多产自当地的一流鱼类，极具魅力。"渥美 慎厨师年轻时就非常锐意进取，除传统的海鲜之外，还尝试着将新出现的鱼类握成寿司，除图中的鲏鱼外，他还经常使用金眼鲷、鲪、三线矶鲈等鱼类。

渥美 慎
1970年生于神奈川县。从15岁时开始，在横滨市内的两家寿司店中做学徒。20岁时，到"奈可田"（位于东京都银座区）做学徒，8年间一直在磨练技艺。1999年回到老家，独立开店。

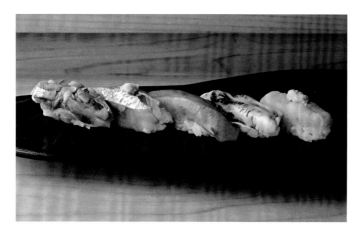

地址：神奈川县横滨市港南区日野南6-29-7 电话：045-847-4144

佐 藤 卓 也（西麻布 拓）

佐藤卓也
1970年生于东京都。在"银座 久兵卫"（位于东京都银座区）店中做学徒，2005年独立开店。现在专门在美国夏威夷的"鮨匠"店中制作料理，当他不在日本时，便交由店长石阪健二厨师来打理店内的事务。

本店上菜的流程一般是从下酒菜开始，再轮流提供酒菜和寿司。这段时间，有越来越多的客人会只点下酒菜，但我认为"寿司店的基本食物就是寿司"，因此变成了如今的上菜顺序。本店会根据客人的喜好，调整上菜顺序、上菜的时间及寿司的大小。准备两种醋饭，用赤醋制成的醋饭，用来搭配腌渍鱼肉、醋紧鱼肉和昆布腌渍鱼肉；以米醋为主制成的醋饭（米醋和赤醋以5:1的比例混合），则用来搭配金枪鱼赤身、白肉鱼、银鱼等鱼类，也可以结合鱼类的处理方法而使用。

地址：东京都港区西麻布2-11-5Kapalua（カパルア）西麻布1层
电话：03-5774-4372

铃木真太郎（西麻布 鮨 真）

本店的主要推荐套餐包含5道左右的下酒菜（部分菜品是数种鱼类的拼盘），加上11~12贯寿司。此外，还有只含寿司的套餐可供顾客选择。铃木真太郎厨师不仅看重传统的江户前食材，若有适合握制寿司的新鱼类，他也积极尝试。例如，铃木真太郎厨师会将金梭鱼、方头鱼、鮨科鱼等握成寿司。鱼类的处理方法多为盐紧、用吸水纸包裹等，根据鱼的种类和个体差别，以及各部位的不同调节水分含量，最大程度地引出鱼肉的鲜味。

铃木真太郎

1971年生于东京。高中时，曾有3年时间在"小かん鮨"（位于东京市东松原区）店里兼职，之后在那里工作11年。之后辗转两家寿司店，2003年在西麻布独立开店。2011年搬迁至现在的地址。

地址：东京都港区西麻布4-18-20 西麻布CO-HOUSE 1层 电话：03-5485-0031

吉田纪彦（鮨 よし田）

基本以传统的江户前食材为主，海鳗和香鱼是"京都之味"的代表性食材，夏天会额外添加这两种食材。海鳗的处理方式可以随意变换，可制成如图的"速焯海鳗"寿司和"涂汁烧烤海鳗"棒寿司，还可制成"鱼生"寿司，或者在烧烤两面后，握成"霜花鳗鱼"寿司。只有棒寿司是关西的传统技艺，必须将其列为套餐中的固定菜品，最后提供给客人，可以依照季节的不同，用海鳗或香鱼制作。棒寿司的醋饭会用米醋调味，制成甜味，具有关西风味，但其他寿司的醋饭仅用赤醋调味，会抑制甜味。

吉田 纪彦

1971年生于京都府。曾在割烹"ます多"（位于京都府河原町）店里学习过7年的日本料理。以京都为中心，在多家寿司店中做学徒。2009年在京都北大路独立开店，2014年11月搬迁至现在的地址。

地址：京都市东山区祇园町南侧570-179 电话：080-4239-4455

植田和利（寿司處 金兵衛）

祖父在昭和时代很有名，植田和利厨师是通过自己的父亲学到了祖父的手艺，并让它成为自己的基本技艺，成为本店的第3代店主。同时，植田和利厨师会做出挑战，或是尝试调整食材的腌渍时间，或是改变调料和食材的种类，尽量用现代人喜欢的食材做出受欢迎的味道，希望能够做出"平成时代的江户前寿司"。此外，基本的刀工有：怎样卸分鱼类、怎样快速制鱼、怎样剃净鱼骨等。在这些方面上，也要磨练技艺，"希望味道能精益求精"，植田和利厨师如此说道。

植田和利
1972年生于东京都。大学毕业后，进入自家的寿司店工作，当时父亲继任第2代店主，他便是父亲的学徒。2013年4月，40岁的植田和利厨师成为第3代店主。

地址：东京都港区新桥1-10-2 植田楼1层 电话：03-3571-1832

山口尚亨（すし処 めぐみ）

山口尚亨
1972年生于石川县。从22岁开始，在东京银座的寿司老店"ほかけ"等东京都内的4家寿司店中，做过约8年的学徒。2002年回乡，独立开店。

北陆地区的渔业资源以能登市为中心，除青森县的金枪鱼、北海道的海胆、九州的康吉鳗鱼等，可以囊括大半的鱼类。清晨走遍能登半岛七尾渔港和金泽中央批发市场，挑选最优质的活鱼，购入。活宰的技术自不必提，在运往寿司店的过程中，如何管理水质，以及如何让活宰后的鱼保持温度和湿度，这是山口尚亨厨师的拿手之处。使用日式饭锅焖煮醋饭，仅用赤醋调味，即可"减少淀粉的流失，呈现出粒粒分明的状态。"

地址：石川县野野市市下林4-48 电话：076-246-7781

一柳和弥（すし家 一柳）

一柳和弥厨师说，寿司的决定因素"不仅在于味道，还涉及食材的切制形状和大小，以及醋饭的量"。将食材切成什么形状及大小，也就是说，菜刀的用法是关键，要使寿司的外观漂亮，也能够让客人轻易尝出食材的鲜味，这就是一柳和弥厨师所追求的切鱼法。此外，寿司这种料理，是要让客人在咬开后，能够口齿留香。一柳和弥厨师解释道，要想能咬开，"寿司的高度就很有必要"，因此要缩短醋饭的长度，握出寿司的高度，这是很重要的一点。

一柳 和弥
1973年生于千叶县。高中毕业后，曾有12年在东京银座的寿司店中做学徒。辗转数家寿司店，从2009年开始，在西洋银座酒店的"鮨屋真鱼"店中担任厨师长，2013年6月独立开店。

地址：东京都中央区银座1-5-14 银座Cosmion（コスミオンビル）1层
电话：03-3562-7890

岩濑健治（新宿 すし岩濑）

岩濑健治
1973年生于神奈川县。在公司工作3年后，在"鮨秀"（位于东京都四ツ谷）、"鮨匠 樣"（位于东京都广尾町）和"鮨昂（位于东京都青山）"店中学习，2012年9月独立开店。2017年搬迁至现在的地址。

"新宿 すし岩濑"的推荐套餐中，有20贯左右的寿司。下酒菜和寿司的食材都很丰富，任何一种食材，都希望"通过自己的努力以释放其美味"，岩濑健治厨师说道。下图中的醋牡蛎便是岩濑健治厨师制作出的创意菜品。产自北海道仙凤趾的大块长牡蛎的特点就在于其浓厚黏滑的味道，先焯水，再用甜醋腌渍5分钟左右，即为完成。这道菜广受食客好评，整年都在提供。

地址：东京都新宿区西新宿3-4-1 福地大楼1层 电话：03-6279-0149

小仓一秋（すし処　小倉）

小仓一秋厨师说道："独立开店后，我尝试一个人完成所有的处理工序，既发现了一些技巧，也犯了些错误。"醋紧的程度、醋饭的焖煮及调味都是他多加考虑后决定的。用白板昆布腌渍鲭鱼、用芜菁和昆布叠加腌渍春子等做法，都是传承自师傅的独特技艺，已经成为本店的固定菜品。此外，会根据日期的不同，分别提供酱油煮蛸和樱煮蛸，也会常备两种玉子烧，一种是高汤蛋卷，一种是加入肉糜的鸡蛋卷，能够回应顾客的各种需求。

小仓 一秋
1973年生于千叶县。从厨师学校毕业后，曾有17年在"羽生"（东京都·自由が丘）店里做学徒。2008年在民营铁路沿线的东京学艺大学前，独立开店，夫妻两人共同经营。

地址：东京都木黑区鹰番3-12-5 RH楼1层 电话：03-3719-5800

渡边匡康（鮨 わたなべ）

"即便是相同种类的海鲜，也会因产地和季节的不同而产生风味的差异，如何让客人感受到不同的味道，并享受这种味道"，这是渡边匡康厨师很关心的一点。他会经常和鱼贩及寿司匠人交流信息，并亲自用眼睛和舌头来确认鱼类的鲜活状态，发挥出各类食材的美味之处，这种处理方式才是渡边匡康厨师的心之所向。他喜欢将不同产地的海胆都盛放在小碗中，让客人品尝多种美味，这也成为本店的招牌菜品。其中包括来自西日本各地的红海胆、北海道的虾夷马粪球海胆等，将4~6种海胆制成拼盘。

渡边 匡康
1973年生于东京都。曾有2年在"冈崎つる家"（京都冈崎）店中学习制作日本料理，之后在澳大利亚的日本料理店工作，从25岁时，曾有11年在东京都内的日本料理店内做学徒。具备厨师长的经验后，2014年独立开店。

地址：东京都新宿区荒木町7 三番馆1层 电话：03-5315-4238

石川太一（鮨 太一）

"鮨 太一"店里的寿司多为继承江户前寿司的传统做法。下图中的渍金枪鱼寿司，是选用夏季的金枪鱼，将赤身切册冲汤，使表面凝固，再用煮制酱油腌渍半日而制成。此外，煮乌贼是当今比较少见的食材，将幼年的剑尖枪乌贼和麦乌贼（太平洋斯氏柔鱼的俗称）用酱油和味淋煮软后，握成寿司。有一个窍门：使用少量的淡口酱油，即可保留乌贼的白色外表。

石川 太一
1974年生于东京都。自家经营寿司店。在东京都内的数家寿司店做学徒后，在"逸喜優"（东京碑文谷）等店担任厨师长，之后，于2008年独立开店。

地址：东京都中央区银座6-4-13 浅黄大楼2层 电话：03-3573-7222

小林智树（木挽町 とも樹）

在食材的处理方面，无论是调料的搭配及使用，还是调制时间等，小林智树厨师都会认真地做出细微的改变，反复进行尝试，最终得出理想的味道。本店的食材主要采购自筑地市场，较稀少的几种食材是从产地直接寄过来，以求丰富食材的种类。推荐套餐中，会先提供给客人开胃菜，再将当日的推荐食材握成3贯寿司，如金枪鱼等具有代表性的江户前寿司，接着会交替着将寿司和下酒菜提供给客人。接下来的流程会视客人的喝酒情况而定。

小林 智树
1974年生于东京都。大学毕业后，曾有约10年在"さ丶木"等店里做学徒。2007年独立开店，位于歌舞伎座附近的银座木挽町。

地址：东京都中央区银座4-12-2 电话：03-5550-3401

周嘉谷正吾（継ぐ 鮨政）

在"継ぐ 鮨政"店里，客人可以直接站起来，夹取数贯寿司后，再回到座位。这是本店非常支持的做法。虽说有推荐套餐，但多数客人在点单时，会只选择喜欢的寿司。本店寿司的特点之一就是寿司醋，将赤醋（酒糟醋）的半份煮干，加入盐和砂糖调味后，熟成，与米醋混合后，直接和米饭融合。赤醋的酸味易挥发，且很难持续到深夜，周嘉谷正吾便想出这种改进方法，也就是将赤醋浓缩后，保留住其鲜味的精华，用酸味持久的米醋加以补充。

周嘉谷正吾
1974年生于东京都。大学毕业后，在东京都内的2家寿司店做学徒，之后曾有5年在"和心"（西麻布）店中担任副厨，曾有1年在"德山鲊"（滋贺·長浜）店里学习制作鲫鱼寿司，于2008年独立开店。

地址：东京都新宿区荒木町8 Kind Stage四谷三丁目1层 电话：03-3358-0934

松本大典（鮨 まつもと）

松本大典厨师说："无论在何处，为客人提供我学到的江户前寿司，这就是我的工作。"在关西地区，方头鱼和产自琵琶湖的玫瑰大麻哈鱼都是很受欢迎的食材，它们都体现着京都风土的特点，除此之外，提供的寿司与东京的寿司并无差别。在处理鱼类时，用大量的醋和盐熟成，用赤醋制作醋饭，这些方法都沿袭自传统的江户前寿司。"京都的寿司文化虽与东京不同，但江户前寿司的印象令人深刻，客人们都能接受。"

松本 大典
1974年生于神奈川县。从18岁时，在自家的寿司店工作，24岁时前往东京的寿司店。次年开始，在"新ばししみづ"（东京·新桥）店里做了5年学徒，于2006年4月在京都独立开店。

地址：京都市东山区祇园町南侧570-123 电话：075-531-2031

岩 央泰 （银座 いわ）

岩 央泰厨师说道："在握制寿司时，我会尤其注意使食材和醋饭搭配平衡，并且调整手的力度。"仅使用赤醋（酒糟醋），将醋饭制作得稍硬些。客人一般会点推荐套餐，里面包含下酒菜和寿司，但我会在寿司食材的种类和顺序、芥末的用法等方面，认真遵循客人的喜好，这是我的宗旨。此外，如果几位客人有相同的上菜时间，我就会在紫菜卷寿司中，加入少量的其他食材，制成拼盘。

岩 央泰
1975年生于东京都。从厨师学校毕业后，在东京都内的"久兵卫"和"鮨かねさか"寿司店做学徒。从2008年开始，在"鮨いわ"（银座）店中担任厨师长，于2012年9月独立开店，名为"银座 いわ"。2016年搬迁至现在的地址。

地址:东京都中央区银座8-4-4 三浦大楼 电话:03-3572-0955

近藤 刚史 （鲊 きずな）

除金枪鱼等食材之外，本店的鱼类多以明石和淡路为中心，购自濑户内海附近。以鲷鱼为首，各种白肉鱼、青花鱼、乌贼、蛸、鲍鱼等，鱼类丰富。虽说关西地区的寿司与刺身相同，多会采用富含弹性的新鲜鱼类握成寿司，但近藤刚史厨师会适度熟成，增强鱼类的鲜味，发挥出鱼肉的柔软，使其与醋饭融为一体。另外，近几年，近藤刚史厨师会将醋饭与赤醋混合，将其风格由偏甜的关西风味，转换至江户前风味。

近藤 刚史
1975年生于大阪府。大学毕业后，开始在寿司店做学徒。曾有4年在"ひですし"（大阪都岛）、有5年半在"明石菊水"（兵库明石）学习，于2008年在大阪独立开店。

地址:大阪市都岛区都岛南通2-4-9 藤美Heights（ハイツ）1楼
电话:06-6922-5533

浜田 刚（鮨 はま田）

浜田 刚厨师从立志成为寿司匠人以来，就希望能够江户前寿司的做法发挥到极致。"我想让客人多吃哪怕1贯寿司"，因此减少下酒菜的种类，在寿司方面倾注心血。使用大量的赤醋（酒糟醋）来调制醋饭，因此要用较多的盐和醋来腌渍食材，抑或是突出汤汁的甜味，尽量"让每1贯寿司都呈现出张弛有度的味道"，浜田 刚厨师说道。要根据食材的不同，来调整醋饭的用量以及手的力度，浜田 刚厨师在认真地贯彻这些基本原则。

浜田 刚
1975年生于三重县。从17岁开始，曾有4年在当地的"はましん"寿司店做学徒。为了学习江户前寿司的做法，曾有9年时间在"銀座 鮨青木"（东京银座）店里钻研，于2005年独立开店。

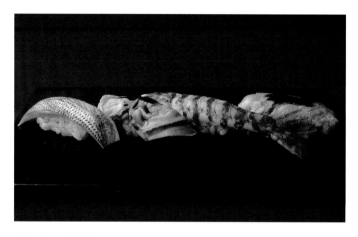

地址：神奈川县横滨市中区太田町2-21-2 新关内大楼1层 电话：045-211-2187

厨川浩一（鮨 くりや川）

"鮨くりや川"的推荐菜品流程为，先提供1贯寿司，接着提供下酒菜，再提供寿司。厨川浩一厨师说道，"最初的1贯寿司可以让客人垫一垫空着的肚子。"当初开店时，会使用当季的鱼类，给客人带来季节感，但如今会使用金枪鱼中腹，能给人强烈的印象，很受客人喜爱。此外，在选择下酒菜进行搭配时，我会在"填补空腹"的阶段，加入一种用醋饭制作的菜肴。

厨川 浩一
1977年生于静冈县。高中毕业后，曾有10年在神奈川县的寿司店和东京的日料店做学徒。从2005年开始，曾有6年在东京都内西麻布的寿司店内担任厨师长，于2011年12月独立开店。

地址：东京都涩谷区惠比寿4-23-10Hillside Residence（ヒルサイドレジデンス）地下1层 电话：03-3446-3332

佐藤博之（はっこく）

醋饭是用两种赤醋混合制成，味道浓郁，香气强烈。"我想做出不输金枪鱼的美味醋饭，给人强烈的印象。"佐藤博之厨师说道。除金枪鱼外的食材，都会调整味道，与醋饭相搭配。提供给客人的第一道菜，会选用靠近金枪鱼头部的"尖端"肉，制成手卷寿司，这是本店的固定菜品。将康吉鳗鱼"爽煮"，即只用酒和水煮制，再搭配竹炭盐和酱汁，便可提供给客人。此外，将温海胆和冷海胆搭配制成军舰卷寿司，将玉子烧朝上一面焦糖化等等，这家店有许多的个性化菜肴。

佐藤博之
1978年生于东京都。曾在餐馆做过服务员，之后在"鮨秋月"（东京神泉）做学徒。在"尾崎幸隆"（东京麻布十番）店里学习制作日本料理，在2013年成为"鮨とかみ"的厨师长。2018年2月独立开店，命名为"はっこく"。

地址：东京都中央区银座6-7-6 La Paix（ラペビル）大楼3层
电话：03-6280-6555

增田 励（鮨 ます田）

"鮨 ます田"店里提供多种寿司，增田励厨师说，从传统寿司到新型寿司，"只要我感觉这种食材适合制成寿司，我就会积极尝试。"用米醋调味的米饭有很强的酸味，再根据醋饭的状态选择食材的处理方式，就连食材的"适宜温度"都花费心血。本文介绍过的金眼鲷是制成高于常温的温度，文蛤是常温，小鳍是介于常温和冷藏之间的温度，鲹鱼和沙丁鱼则放入冰箱冰镇1~2分钟后取出，鱼肉的温度设定都体现着细致的心思。

增田 励
1980年生于福冈县。在当地的寿司店"天寿し"和日本料理店等学习制作寿司和日料的基本方法。从2004年开始，曾有9年在"すきばやし次郎"（东京银座）做学徒，于2014年独立开店。

地址：东京都港区青山5-8-11 BC青南山PROPERTY地下1层 电话：03-6418-1334

甜醋姜片

甜醋腌姜片。将整块或切成薄片的生姜在甜醋中浸渍。寿司中多使用生鱼，配上些甜醋姜片，有解毒和清口的作用。

军舰卷

是昭和时代被发明出的手握寿司的变种。将紫菜卷在醋饭的侧面，然后放上寿司食材，因造型似军舰而得名。这种手法常用于将鲑鱼籽、海胆、银鱼、北寄贝等身形较小、肉质较软、容易走形的食材制成寿司。

切片

将切整齐的鱼册（见鱼册项）切成制作寿司和刺身所需的片状。

生醋

未经稀释、调味、加热的原味醋。

昆布腌

用昆布裹住片状鱼肉，或将鱼肉单侧放在昆布上熟成，让鱼肉吸收昆布的鲜味，鱼肉的水分又被昆布吸收，鱼肉便变得紧实。可将鱼肉切成1贯寿司的大小后腌渍，或者将鱼肉卸分成3块或5块后腌渍，也可先将鱼肉切成册腌渍，方法可谓是多种多样。此外，昆布的种类、处理方法、腌渍时间也会因店家及鱼类的不同而改变。

鱼册

鱼经过预处理后，除去保存完整的半片鱼肉的鱼皮、小刺、血合肉等，切整成制作刺身或寿司所需的大小。整个过程被称作『切册』或『切成册』。

腌紧

采用在鱼肉上撒盐，用醋浸泡、用昆布包裹等方法，可以除去鱼肉中的多余水分，使其肉质更紧实，也能引出鱼肉的鲜味。详细可见…

樱煮

章鱼的一种调味方法。寿司店多会将章鱼用酒、砂糖、酱油等调味后，用煮制的方法使肉质变软，同时章鱼皮会呈现漂亮的红色，人们称为『樱煮』。如今人们通常长时间煮制整个章鱼足。但在现存的江户料理文献中，『樱煮』是开一道小口，将章鱼足切成薄片后，迅速用酱油煮制好。而据江户料理的有关文献记载，当时是将章鱼足切圆薄片再用酱油快速煮制调味，章鱼片收缩后，形状酷似樱花花瓣，因此得名。

→昆布腌条目

→醋紧条目

出世鱼

指幼鱼至成鱼期间，随着生长阶段的不同而改变叫法的鱼类，每个阶段都很珍贵。例（标题为成鱼名）

也有其他鱼不属于出世鱼，但也会在其成长过程中改变叫法。如：

本鲔（蓝鳍金枪鱼）

コメジ（komeji）→メジ（meji）/ヨコワ（yokowa）→中鲔（chuguro）→黑鲔（kuroguro）/大鲔（Omaguro）→本鲔（honmaguro）

鰶（斑鰶）

新子（shinko）→小鳍（kohada）→中墨（nakasumi）→鰶（konoshiro）

鰤

（关东地区）

若鰤（wakashi）→稚鰤（warasa）→鰤（buri）

（关西地区）

ツバス（tsubasu）→鲅（hamachi）→目白（mejiro）→鰤（buri）

鰆（鲅鱼）

狭腰（sagoshi）→ナギ（nagi）→鰆（sawara）

穴子（康吉鳗鱼）

ノレソレ→穴子

鲈（海鲈鱼）

セイゴ（seiko）→フッコ（fukko）→鲈（suzuki）

血鲷（血鲷）

春子（kasugo）→血鲷（chidai）

红醋（酒糟醋、糟醋）

一种以酒糟为原料酿成的醋，因其颜色比米醋红而俗称为『红醋』。本书中也称其为『红醋』。这种醋的特点为，味道鲜美、香气和酸味较柔和。红醋的历史不如米醋悠久，产生于江户时代后期，因搭配江户前的手握寿司而迅速成名。接着米醋复兴，红醋渐渐衰退，但如今江户前寿司的复兴使越来越多的店铺开始使用红醋。有些红醋由米醋、酿造酒精、果醋等调和制成。很多店铺会将多种红醋混合使用，也有些会将红醋与米醋调和使用。

赤身

狭义上指的是分布在金枪鱼背骨周围的油脂较少、鲜艳的红色鱼肉。昭和初期及以前，说到金枪鱼肉指的就是赤身。广义上指的是金枪鱼、鲣鱼、旗鱼等红肉鱼。

炙烤

用炭、稻草、煤气等微烤食材表面。通常用于处理油脂较多的食材，以除去多余的油脂，使其吃起来更清爽、更脆、更香。炙烤是一种新的做法，这种做法出现在大腹肉受到追捧、雪花牛出现后。很多店铺会采用炙烤的手法处理康吉鳗鱼、油脂丰富的带皮白肉鱼、北寄贝等。

活宰

趁鱼鲜活时迅速宰杀（切断鱼大骨、血管和脊髓，或用铁钩等工具破坏鱼脑），放血的处理方法。可延缓鱼肉变硬的速度，延长保鲜时间并提鲜。有些鱼可用铁丝等工具破坏脊髓组织以『拔掉神经（破坏神经）』。这种方法更为高效。再除净鱼鳃、内脏和血块或者直接分解为3块，熟成一段时间后即可使用。

煎酒

一种带有咸梅干风味的酒，常代替酱油涂在刺身上。在酒中加入咸梅干，小火熬煮后过滤，可根据口味加入木鱼花和淡口酱油调味。

印笼

抽除食材中心部位的骨头和内脏后，用馅料填满躯干制成的料理。在煮乌贼中塞入醋饭和馅料是印笼寿司的代表。印笼本是用来盛放印章、印泥和药物的便携容器，因寿司的形状与其相似，便称为『印笼寿司』。

江户前

原本指的是坐落于江户前面的海——江户湾（东京湾）。后来慢慢发展，渐渐开始指代从江户湾捕获的海鲜以及用这些海鲜制成的寿司、天妇罗、鳗鱼等料理。如今已不以鱼类的产地为限，所有使用传统方法制成的寿司都统称为江户前寿司。

缘侧

在寿司食材中，指的是牙鲆鱼的鳍肉。这种肉位于鱼鳍根部，脂肪肥美、口感弹软，很受欢迎。但由于量少稀有，价格也很高。若不用作寿司食材，还有鲍鱼缘侧、鲽鱼缘侧。

鱼肉松

在寿司制作中指的是两种肉松：一用虾、白肉鱼（鲷鱼、牙鲆鱼等）制成的鱼肉松；二是指用蛋黄制成的蛋黄醋松（醋松）。二者都是先用调味料腌渍，再炒成细细的颗粒状肉松即可。

◇鱼肉松

传统的鱼肉松是用黄新对虾和白肉鱼制成的，也有店家会使用斑节虾。焯水后研磨成糊状，再用酒和砂糖调味后炒成细细的颗粒。在传统做法中，也可少量使用，鱼肉松可握成寿司，搭配上虾、沙梭鱼、日本下鱵鱼、厚蛋烧等握成寿司。细卷、粗卷、什锦寿司中也会使用。

◇蛋黄醋松（醋松）

蛋液（蛋黄或整个鸡蛋）中加醋，炒成细碎的肉松状，带有少许醋酸味是它的味道特点。可将春子鲷（鲷鱼幼鱼）、斑节虾裹上或撒上蛋黄醋鱼肉松，再握成寿司。

寿司食材（ネタ）

日语中，将『タネ』的读音反过来，即为『ネタ』，都是寿司食材的意思，但『ネタ』是日料界的行话之一，如今使用得越来越广泛。

箱寿司

一种发源自大阪的压寿司，将寿司食材和醋饭塞入木制模具中，拆除模具后，制成立方体形状的寿司。常用于白肉鱼、青背鱼、虾、康吉鳗鱼等食材。用鲭鱼制成的箱寿司称为『鲭鱼模压寿司』。

青光鱼

指青背鱼及带有光泽的小鱼。可以带皮醋紧，也可以用昆布腌渍。例如小鳍、新子、鲹鱼、鲭鱼、日本下鱵鱼、春子、沙梭鱼等。青光鱼的处理工序繁琐，要求厨师具备高超的技艺，因此据说『从青光鱼的口感能够判断日料店的等级』。

魁蚶黄瓜卷寿司

用海苔卷起魁蚶的外套膜和黄瓜，制成『魁蚶黄瓜卷寿司』。同理，还有『康吉鳗鱼黄瓜卷寿司（主要食材为康吉鳗鱼和黄瓜）』和『虾黄瓜卷寿司（主要食材为虾和黄瓜）』。

整条腌渍

将整条鱼类制成寿司食材，是握制小鳍和新子寿司的方法。个头较大的小鳍可以使用半块鱼肉握成寿司，称为『单片腌渍』。另一方面，可以将数条个头较小的新子握成一贯寿司，根据新子的条数，可分为『一条半握』『两条握』『三条握』等。

棒寿司

将醋紧后的食材放在醋饭上，用竹帘和毛巾等卷成圆柱状的寿司。最具代表性的是鲭鱼棒寿司，还应用于多种鱼类。

卷寿司

用竹帘卷成的寿司。在江户前寿司中，指的是海苔和醋饭卷一种食材（葫芦条、鱼肉松、黄瓜、金枪鱼等）制成『细卷寿司』，在大阪等地的特色菜肴中，也会同时使用数种食材，制成『粗卷』。

蒸鲍

原本指的是用蒸箱或是其他工具加热蒸透的鲍肉，但寿司店习惯将煮透柔软的鲍肉称为『蒸鲍』，后者更应称为『煮鲍』。

嫩烤

将鱼带皮卸分后，大火烧烤鱼皮，直至出现痕迹，迅速放入冷水中。可以烤香鱼肉、带有轻微的燻香，鱼肉略微凝固，也可以去除多余的油脂，去腥、提鲜，将鱼皮烤得柔软。

焯水

将卸分后的鱼肉放入热水中，迅速焯一下，或者将热水浇在鱼肉上，凝固表面。鱼肉的表面会呈白色的霜花状，因此也成为『烫霜花』，可以除去腥味、黏液和多余的油脂，也可以使鱼肉变得更柔软。人们多会先用毛巾裹住鱼肉，再浇热水，可以防止鱼肉受热过度，接着直接放入冷水中。有些店家也会直接将鱼肉放入冰箱中迅速冷却，而不使用冷水。想要发挥鱼皮的美丽光泽或鲜味时，也会使用『烫鱼皮霜花』的手法。

稻草烤鱼

用燃烧的稻草烤鱼，使鱼肉呈现出清爽的口感。火炙鲣鱼肉是最具代表性的菜品，本书还介绍了稻草烤金枪鱼幼鱼、稻草烤蓝点马鲛、稻草烤醋渍鲭鱼的做法。

白烤
不使用调味料，直接烧烤加热食材的手法。

醋洗
在食材上浇大量的醋，或者抹醋，使食材带些醋的风味。
寿司中的海鲜多使用醋洗的手法，将食材盐渍后，经水洗和醋洗后，再次用醋腌渍。
醋洗可除去海鲜的腥味和污垢，因此这种醋不会浑浊，而且味道很好。各店的醋洗材料不同，生醋、用水稀释过的醋、上次醋紧使用过的醋等，都可以使用。

姿寿司
用完整的鱼类握成寿司。保留鱼头，开膛，取出内脏和鱼骨，醋紧，在鱼肉的内侧塞满醋饭。例如刺鲳、鲹鱼、鳍鱼，小鲷鱼、香鱼、鲭鱼、秋刀鱼等，都是代表性食材。

寿司醋
制作醋饭的调和醋。醋和盐是江户前寿司的基本调料，近年人们一般会添加砂糖，可以增加醋饭的甜度，使其呈现出光泽，味道更丰满。

醋紧
主要用于处理青光鱼食材。撒盐，出去多余的水分，腌渍在醋中，除去鱼肉的腥味，还可以提鲜。醋紧鲭鱼是最常见的菜肴，握制小鳍寿司时，醋紧也是必备的步骤。各店所用的醋不同，有米醋、赤醋（酒糟醋）、酿造醋等。

稍淡于海水的盐水
含有近似海水浓度盐分（3%）的盐水。可以使食材带点咸味，也可以降低食材的咸度。

浸渍
文蛤和虾蛄等食材的调味方法，初次焯水后，用酱油、味淋、砂糖等调味后，降温，浸入汤汁中腌渍一段时间，将食材浸入汤汁中腌渍一段时间，是传统的江户前寿司技巧之一。

寿司食材（タネ）
用于烹制菜肴的食材。在握制寿司时，分为海鲜、玉子烧、鱼肉松、煮葫芦条等食材。在日语中，倒过来的发音为「neta」（罗马音），也意为「寿司食材」，是寿司匠人使用的行话。

腌鱼肉
意为「酱油腌鱼肉」，指的是用酱汁腌渍而成的金枪鱼赤身。现代人也会腌渍金枪鱼腩和白肉鱼。在没有冷藏设备的江户时代，这种方法是为了防止金枪鱼肉腐烂而产生，才会切成大块鱼肉并腌渍，现在也会切成寿司所需的大小再短时间腌渍。

煮制酱油
用于腌渍寿司的酱油，也称为「无酒精酱油」。基本做法为：将酱油与酒或味淋混合，煮沸，挥发掉酒精，即可制成。这几年，一些店里会再添加鲜汁汤，再用刷毛涂在握好的寿司上，提供给客人，还可以制成腌渍寿司食材的调味汤汁，或者搭配刺身食用。

手握寿司
江户前寿司的代表性菜肴，将食材放在握成小团的醋饭上，使二者融为一体。诞生初期的手握寿司和普通寿司的大小差不多，近几年则变得更便于食用，进入现代社会后，人们会握成适口大小，加小型化。

波纹片
在薄切鲍鱼和章鱼等肉质较硬、有弹性的食材时，常会起伏着削下鱼肉。将刀放平后，刀花呈波浪状。

酱汁
在处理康吉鳗鱼、文蛤、虾蛄、章鱼、鲍鱼、乌贼等体型细长的食材时，常会先涂上酱汁，再进行煮制工序。意为「浓缩的汤汁」，略称为「酱汁」。常用于称呼煮康吉鳗鱼的汤汁，也可用于食材调味，煮至收汁，呈黏稠状。一般来说，一种酱汁可用于多种食材，但也有店家会根据食材的不同而区别使用。

食材索引

图书在版编目（CIP）数据

鮨寿司职人事典 / 日本柴田书店编著；李祥睿，陈玉婷，梁晨译. -- 北京：中国纺织出版社有限公司，2020.9

ISBN 978 - 7 - 5180 - 7348 - 1

Ⅰ.①鮨… Ⅱ.①日… ②李… ③陈… ④梁… Ⅲ.①米制食品—食谱—日本 Ⅳ.①TS972.131

中国版本图书馆 CIP 数据核字（2020）第 071824 号

原文书名:鮨職人の魚仕事:鮨ダネの仕込みから、つかみのアイデアまで

原作者名:柴田书店

Sushishokuni no Sakanashigoto

Sushidaneno sikomikara Tsumamino aidiamade by Shibata Publishing Co. ,Ltd.

Copyright © Shibata Publishing Co., Ltd. 2018

All rights reserved.

Original Japanese edition published by Shibata Publishing Co., Ltd.

This Simplified Chinese Language edition is published by arrangement with Shibata Publishing Co., Ltd., through East West Culture & Media Co., Ltd.

本书中文简体版经株式会社柴田书店授权,由中国纺织出版社有限公司独家出版发行。

本书内容未经出版者书面许可,不得以任何方式或任何手段复制、转载或刊登。

著作权合同登记号:图字:01 - 2019 - 1627

责任编辑:韩　婧　　　责任校对:王花妮
责任印制:王艳丽　　　责任设计:品欣排版

中国纺织出版社有限公司出版发行
地址:北京市朝阳区百子湾东里 A407 号楼　邮政编码:100124
销售电话:010—67004422　传真:010—87155801
http://www.c-textilep.com
中国纺织出版社天猫旗舰店
官方微博 http://weibo.com/2119887771
北京华联印刷有限公司印刷　各地新华书店经销
2020 年 9 月第 1 版第 1 次印刷
开本:787×1092　1/16　印张:18
字数:217 千字　定价:148.00 元